数学の
かんどころ 32

可換環論の勘どころ

後藤四郎 著

共立出版

本文イラスト
飯高　順

「数学のかんどころ」刊行にあたって

数学は過去，現在，未来にわたって不変の真理を扱うものであるから，誰でも容易に理解できてよいはずだが，実際には数学の本を読んで細部まで理解することは至難の業である．線形代数の入門書として数学の基本を扱う場合でも著者の個性が色濃くでるし，読者はさまざまな学習経験をもち，学習目的もそれぞれ違うので，自分にあった数学書を見出すことは難しい．山は１つでも登山道はいろいろあるが，登山者にとって自分に適した道を見つけることは簡単でないのと同じである．失敗をくり返した結果，最適の道を見つけ登頂に成功すればよいが，無理した結果諦めることもあるであろう．

数学の本は通読すら難しいことがあるが，そのかわり最後まで読み通し深く理解したときの感動は非常に深い．鋭い喜びで全身が包まれるような幸福感にひたれるであろう．

本シリーズの著者はみな数学者として生き，また数学を教えてきた．その結果えられた数学理解の要点（極意と言ってもよい）を伝えるように努めて書いているので読者は数学のかんどころをつかむことができるであろう．

本シリーズは，共立出版から昭和 50 年代に刊行された，数学ワンポイント双書の 21 世紀版を意図して企画された．ワンポイント双書の精神を継承し，ページ数を抑え，テーマをしぼり，手軽に読める本になるように留意した．分厚い専門のテキストを辛抱強く読み通すことも意味があるが，薄く，安価な本を気軽に手に取り通読して自分の心にふれる個所を見つけるような読み方も現代的で悪くない．それによって数学を学ぶコツが分かればこれは大きい収穫で一生の財産と言えるであろう.

「これさえ摑めば数学は少しも怖くない，そう信じて進むといいですよ」と読者ひとりびとりを励ましたいと切に思う次第である.

編集委員会と著者一同を代表して

飯高　茂

はじめに

この『可換環論の勘どころ』は，著者がこれまでに学んできた経験の中から「可換環論ではこれが勘どころだよ」と考えるところを，後から来る人々に伝えるために書かれている．学部3・4年次で可換環論の基本を学ぶ/教えるための参考書/教科書でもある．本書末尾に挙げた参考文献の中で，[1] は歴史的な良書であり，今日でも高い評価を保っているが，国内の普通の大学の学部3・4年次カリキュラムでこの本を教科書として使うには，いささか勇気がいる．本書はむやみに高級な議論は避け，到達目標は明確にして要点を述べ，高校までに学んできてよく知っていることにも証明を付けながら，この学問「可換環論」を発展的に学ぶために丁寧な助言をしている．まっさらな状態の人にも（そして，まっさらな人にはなおさら）最適の入門書であると自負するものである．

[1] を読み終えた後に [2] に進み，[3] で知識と技術の不足分を補うというのが，標準的な研究者への途である．高級な専門書でよければ，[5, 8] などの他にも優れた書物が既にかなりたくさん出版されているが，[1] と [2] の間には，homology 代数学の知識と Cohen-Macaulay 環や Gorenstein 環あるいは正準加群の理論という，かなり深く広い谷間が横たわる．ついでに説明しておくと，[4] は [1] を読了した方がこの谷間を乗り越えるためのシェルパとして書かれ

ている．学部 4 年次・大学院 M1 のセミナー教材としては適当かもしれない．そして，[1] はとても素敵な本であるが，[1] に入るときに出会う，実際にはかなり高い敷居を乗り越えさせてくれるガイドがいない．本書の役割はこの案内役を果たすことにある．

本書の執筆にあたっては，著者の友人であり学問上の大切な仲間である松岡直之氏と谷口直樹氏から，助言のみならず具体的な執筆上でも多大な援助をいただいた．また，共立出版編集部三浦拓馬氏の辛抱強い助言なしにも，本書が日の目を見ることはなかったと思われる．末尾になったが，これらの方々に対し深い謝意を表するものである．

2017 年 7 月

後藤四郎

目　次

第 1 章

環のかたち

さて，これから可換環論を学ぶのであるが，「数学に王道はない」というのは遺憾ながら事実である．しかし一方で，途方もなく巨大な体系となった数学にも肝腎な部分，つまり「勘どころ」というものがあるのも本当である．さもなくば数学がこれだけ長期にわたって継承され，ここまで発展してくるはずがない．以下，この本を通して，著者がこれまでに学んできた経験から，後から来る人々に「可換環論ではこれがそうだと思うよ」という部分を伝えたいと考える．少しでも参考になることを願っている．

1.1　環

可換環論とは，数や函数などの集合のように，足し算，引き算，掛け算，割り算という四則のうち，足し算・引き算・掛け算を自由に行うことができる世界の構造を，おもにこれら三つの演算を手掛かりに統一的に理解し，解明しようとする抽象代数学である．19世紀末に不変式論の研究を通して D. Hilbert によりその可能性が発見され，E. Noether によって深く広く展開された．その後，多くのすぐれた数学者の努力を通して発展してきたが，20 世紀の中頃までは，可換環論研究を専門分野とする数学者は居なかったように思われる．20 世紀の中頃，J.-P. Serre が可換環論の新たな手法としてホモロジー代数学を導入し，環の内部構造を外部表現に帰着させるという驚くべき視点を提示して以来，飛躍的な発展を遂げ，現在に至っている．A. Grothendieck による代数幾何学の抽象化の中で，可換環論と代数幾何学の関係が明瞭となり，局所コホモロジー論というような極めて重要な手法を含め，非常に多くの恩恵を抽象代数幾何学から受けている．20 世紀後半から 21 世紀にかけての 60 年間に，不変式論・代数的整数論・代数幾何学・特異点論・表現論・組合せ論などから多くの問題と手法を獲得しつつ，環と加群の Cohen-Macaulay 性解析を中心に発展成熟してきた．この発展に日本人研究者の寄与が小さくないことは，誇りに思ってよいであろう．今日ではこれらの分野における基幹構造の一つとなっているだけではなく，これら異分野との境界さえ明瞭ではないくらいに深い関係を保って発展を続けている．

A. Grothendieck

環の定義

あらためてまず定義から始めよう．環の定義は，群の定義と同じように，非常に抽象的なものである．しかし抽象的であるからこそ，得られた定理や理論が公理を満たすどんな対象にも適用できることを忘れてはならない[1]．

定義 1.1

与えられた空でない集合 R が環であるとは，集合 R 上に 2 つの演算が定められていて，一方を加法 $+$，他方を乗法 $\times$ の記号で表すとき，以下の 4 条件が満たされることをいう．

(1) $+$ について集合 R はアーベル群をなす．すなわち，次の主張が正しい．

(1.1) $\forall a, b, c \in R$ に対し，等式 $(a+b)+c = a+(b+c)$ が成り立つ．

(1.2) $\forall a, b \in R$ に対し，等式 $a+b = b+a$ が成り立つ．

1) この視点こそ E. Noether が掲げた一大理念であったと考えられる．

(1.3) 等式 $a+0=0+a=a$ が，$\forall a \in R$ に対して成り立つような元 $0 \in R$ が，R 内に少なくとも一つは含まれている．

(1.4) $a \in R$ とすれば，$a+x=x+a=0$ を満たすような元 $x \in R$ が，R 内に少なくとも一つは含まれている．

(2)（乗法の結合法則）$\forall a,b,c \in R$ に対し，等式 $(ab)c = a(bc)$ が成り立つ．

(3)（分配法則）$\forall a,b,c \in R$ に対し，等式 $a(b+c)=ab+ac$, $(a+b)c=ac+bc$ が成り立つ．

(4)（乗法に関する単位元の存在）等式 $a1=1a=a$ が，$\forall a \in R$ に対して成り立つような元 $1 \in R$ が，R 内に少なくとも一つは含まれている．

命題 1.2

定義 1.1 に関して，次の主張が正しい．

(1) 条件 (1.3) を満たす $0 \in R$ は，環 R 内で一意的に定まる．

(2) 条件 (1.4) を満たす $x \in R$ は，環 R 内で元 $a \in R$ に対し一意的に定まる．（これを $-a$ と書く．）

(3) 条件 (4) を満たす $1 \in R$ は，環 R 内で一意的に定まる．（これを環 R の**単位元**と呼ぶ．）

乗法について**交換法則**が成り立つような環（すなわち，$\forall a,b \in R$ に対し，等式 $ab=ba$ が成り立つような環）は，**可換環**であるという．

例 1.3

(1) $\mathbb{Z}$, $\mathbb{Q}$, $\mathbb{R}$, $\mathbb{C}$ は，数の加法と乗法を演算に，可換環をなす．

(2) 整数 $n \geq 1$ に対し，n 次の複素正方行列全体のなす集合を

$\mathrm{M}_n(\mathbb{C})$ によって表すと，集合 $\mathrm{M}_n(\mathbb{C})$ は行列の和と積を演算に環をなす．$n \geq 2$ のときは，交換法則が成り立たないので，$\mathrm{M}_n(\mathbb{C})$ は可換環ではない．

(2) は，例えば $n = 2$ のときを考え，$a = \begin{pmatrix} 0 & 1 \\ 0 & 0 \end{pmatrix}, b = \begin{pmatrix} 1 & 0 \\ 0 & 0 \end{pmatrix}$ とすれば

$$ab = \begin{pmatrix} 0 & 0 \\ 0 & 0 \end{pmatrix} = \mathbf{0},\ ba = \begin{pmatrix} 0 & 1 \\ 0 & 0 \end{pmatrix} = a \neq \mathbf{0}$$

であるから，$ab \neq ba$ であり，積に関する交換法則は成り立たない．

環 R 内では，$a - b = a + (-b)$ によって，引き算を定める．

次の命題 1.4 の証明は省くが，「環の定義 1.1 だけを使って正しいことを示すことができる」．このことを必ず自分で確かめること．例えば，$a0 = 0a = 0$ や $(-a)(-b) = ab$ といったことが環の定義 1.1（「環の公理」と呼ぶこともある）から出てくる事柄であるということは，驚くべきことではないか．他にも，本書では基本的な命題や問題の証明はどんどん省くが，それはその命題や問題が重要でないからではなく，そういう基本的な事柄を自分で考え解決し，感動をもって理解することが，数学の力を身に着け先へ進むうえで，なによりも大切であると考えるからである．

命題 1.4　環演算の基本的性質

R は環とする．

(1) $a, b \in R$ について，$a + b = 0$ なら，等式 $a = -b,\ b = -a$ が成り立つ．ゆえに，$-0 = 0$ であり，$\forall a \in R$ に対し，$-(-a) = a$ である．

(2) $a \in R$ のとき，$a + a = a$ なら $a = 0$ である．

(3) $\forall a, b, c \in R$ に対し，次の等式が成り立つ．

(3.1) $a0 = 0a = 0$

(3.2) $(-a)b = a(-b) = -ab$

(3.3) $-a = (-1)a$，$(-a)(-b) = ab$

(3.4) $a(b - c) = ab - ac$，$(a - b)c = ac - bc$

したがって，環 R 内で $1 = 0$ が成り立てば，いかなる元 $a \in R$ に対しても $a = a1 = a0 = 0$ となり，$R = \{0\}$ を得る．このような環を零環と呼ぶ．

以後，特に断らない限り，**$\boldsymbol{R}$ が環であると言えば $\mathbf{1 \neq 0}$，即ち $\boldsymbol{R}$ は零環ではないものとする．**

問題 1.5

$A = \mathbb{Z} \times \mathbb{Q}$ とおく．

(1) 直積集合 A は，次の加法と乗法を演算に，可換環をなすことを確かめよ．

$$(a, x) + (b, y) = (a + b, x + y),\ (a, x)(b, y) = (ab, ay + bx)$$

(2) この環 A 内では，$\forall x, y \in \mathbb{Q}$ について，$(0, x)(0, y) = 0$ が成り立つことを確かめよ．

環 A を $\mathbb{Z}$ 上 $\mathbb{Q}$ のイデアル化といって，$A = \mathbb{Z} \ltimes \mathbb{Q}$ と書く．

問題 1.6

$$A = \left\{ \begin{pmatrix} a & b \\ 0 & a \end{pmatrix} \middle| a \in \mathbb{Z}, b \in \mathbb{Q} \right\} \subseteq \mathrm{M}_2(\mathbb{Q})$$

とおくと，集合 A は行列の和と積を演算に可換環をなすことを確かめよ．

環の準同型写像と部分環

定義 1.7

S は環とする．S の部分集合 R は次の条件を満たすとき，S の**部分環**であるという．

(1) R は環 S の単位元 $1 = 1_S$ を含む．

(2) $\forall x, y \in R$ に対し，$x + y, -x, xy \in R$ である．

例えば，$\mathbb{Z}$ は $\mathbb{R}$ の部分環であり，$\mathbb{R}$ は $\mathbb{C}$ の部分環である．$R_1 = \{a + b\sqrt{2} \mid a, b \in \mathbb{Q}\}$, $R_2 = \{a + bi \mid a, b \in \mathbb{Q}\}$ とすれば，R_1 は $\mathbb{R}$ の部分環であり，R_2 は $\mathbb{C}$ の部分環である．

命題 1.8

R が環 S の部分環であれば，R は環 S の和と積を演算に環をなす．S が可換なら，R も可換である．

定義 1.9

R, S は環とする．写像 $f : R \to S$ は，次の 2 条件を満たすとき，**環の準同型写像**であるという．

(1) $\forall a, b \in R$ に対し，$f(a + b) = f(a) + f(b)$，$f(ab) =$

$f(a)f(b)$ である.

(2) $f(1) = 1$ である.

例えば，$f : \mathbb{R} \to \mathrm{M}_2(\mathbb{R})$, $a \mapsto \begin{pmatrix} a & 0 \\ 0 & a \end{pmatrix}$ は環準同型写像である.

環準同型写像の合成は，環準同型写像である．問題 1.5 で，$f : \mathbb{Z} \to A, a \mapsto (a, 0)$ と $g : A \to \mathbb{Z}, (a, x) \mapsto a$ は環準同型写像であって，$g \circ f = 1_{\mathbb{Z}}$ となっている.

命題 1.10

$f : R \to S$ が環の準同型写像なら，$\forall a, b \in R$ に対し，等式 $f(-a) = -f(a)$，$f(a-b) = f(a) - f(b)$ と，$f(0) = 0$ が成り立つ．ゆえに，環準同型写像 f の像

$$f(R) = \{f(a) \mid a \in R\}$$

は，環 S の部分環である．像 $f(R)$ は $\mathrm{Im}\, f$ と書くこともある.

問題 1.11

環準同型写像 $f : R \to S$ が全単射なら，逆写像 $f^{-1} : S \to R$ も環の準同型写像であることを確かめよ.

$f : R \to S$ が環の準同型写像であって全単射であるとき，f は環の同型写像であるという．例えば，$f : \mathbb{C} \to \mathbb{C}$, $a + bi \mapsto a - bi$ $(a, b \in \mathbb{R}, i = \sqrt{-1})$ は，環の同型写像である．R, S を環とするとき，R から S への同型写像が少なくとも一つ存在するとき，R と S は互いに同型であるという．二つの環 R, S が同型であることを，$R \cong S$ と書く.

問題 1.12

問題 1.5 と問題 1.6 の二つの環は，互いに同型であることを確かめよ．

問題 1.13

$$\mathbb{D} = \left\{ \begin{pmatrix} a & b \\ -b & a \end{pmatrix} \middle| a, b \in \mathbb{R} \right\} \subseteq \mathrm{M}_2(\mathbb{R})$$

とおく．次の主張が正しいことを確かめよ．

(1) $\mathbb{D}$ は行列環 $\mathrm{M}_2(\mathbb{R})$ の可換な部分環である．

(2) 写像 $\varphi : \mathbb{C} \to \mathbb{D}$, $a + bi \mapsto \begin{pmatrix} a & b \\ -b & a \end{pmatrix}$ $(a, b \in \mathbb{R})$ は，環の同型写像で，したがって $\mathbb{C} \cong \mathbb{D}$ である．

問題 1.14

R を環とし

$$\mathrm{Aut} R = \{\sigma \mid \sigma : R \to R \text{ は環の同型写像である }\}$$

とおく．集合 $\mathrm{Aut} R$ は写像の合成を演算に群をなすことを確かめよ．

次の問題を解くには実数の性質を深く使う．易しくないかもしれないが，挑戦してみてほしい．

問題 1.15

$\mathrm{Aut}\mathbb{R} = \{1_{\mathbb{R}}\}$ であることを証明せよ．

定義 1.16

環の準同型写像 $f : R \to S$ に対し

$$\mathrm{Ker}\, f = \{a \in R \mid f(a) = 0\}$$

と定め，これを f の**核**と呼ぶ．$\mathrm{Ker}\, f$ は次の性質を持つ．

(1) $0 \in \mathrm{Ker}\, f$

(2) $x, y \in \mathrm{Ker}\, f$，$a \in R$ ならば，$x + y$，ax，$xa \in \mathrm{Ker}\, f$ である．

[証明] $f(0) = 0$ であるから，$0 \in \mathrm{Ker}\, f$ となる．$x, y \in \mathrm{Ker}\, f$，$a \in R$ ならば，$f(x+y) = f(x) + f(y) = 0 + 0 = 0$, $f(ax) = f(a)f(x) = f(a) \cdot 0 = 0$，$f(xa) = f(x)f(a) = 0 \cdot f(a) = 0$ である．故に $x + y$，ax，$xa \in \mathrm{Ker}\, f$ である． □

命題 1.17

環の準同型写像 $f : R \to S$ が単射であるための必要十分条件は，$\mathrm{Ker}\, f = \{0\}$ が成り立つことである．

[証明] f は単射とする．$a \in \mathrm{Ker}\, f$ なら $f(a) = 0 = f(0)$ であるから，$a = 0$ が従う．ゆえに $\mathrm{Ker}\, f = \{0\}$ である．$\mathrm{Ker}\, f = \{0\}$ とせよ．$a, b \in R$ が $f(a) = f(b)$ を満たすなら，$f(a-b) = f(a) - f(b) = f(b) - f(b) = 0$ であるから，$a - b \in \mathrm{Ker}\, f = \{0\}$ である．ゆえに $a - b = 0$ であり，等式 $a = b$ が従う．すなわち写像 f は単射である． □

イデアルと剰余類環

R は環とする．

定義 1.18

I が環 R のイデアルであるとは，I が次の 2 条件を満たすことをいう．

(1) $\emptyset \neq I \subseteq R$ である．

(2) $\forall a \in R, \forall x, y \in I$ に対し，$x + y$，ax，$xa \in I$ である．

R が可換環のときは，条件 (2) は「$a \in R$，$x, y \in I$ なら，$x + y$，$ax \in I$」と同値である．

集合 $\{0\}$ と R 自身は，環 R のイデアルである．与えられた環 R の中に，どのようなイデアルがどのくらい多様に含まれているかは，環 R の構造の複雑さ（豊かさ）を測る指標の一つであると考えることができる．

補題 1.19

I が環 R のイデアルであれば，I は加法群として R の部分群である．すなわち，$\forall x, y \in I$ に対し，$x - y \in I$ が成り立つ．ゆえに $0 \in I$ である．

[証明] $x, y \in I$ なら，$-y = (-1)y \in I$ であるから，$x - y = x + (-y) \in I$ となる． □

問題 1.20

次の主張が正しいことを証明せよ[2]．

(1) $I_1 \subseteq I_2 \subseteq \cdots \subseteq I_i \subseteq \cdots$ を環 R のイデアルの列（このような列を環 R のイデアルの昇鎖という）とすれば，和集合 $I = \bigcup_{i \geq 1} I_i$ も環 R のイデアルである．

2） 問題 3.1 参照.

(2) I, J を R のイデアルとし，$I+J=\{a+b \mid a \in I, b \in J\}$ とおく．$I+J, I \cap J$ も環 R のイデアルであって，$I \cup J \subseteq I+J$ となる．（$I+J$ を I と J の和という．）

(3) 環 R のイデアル I, J に対し，

$$IJ=\{a_1b_1+a_2b_2+\cdots+a_nb_n \mid n \geq 1 \text{ で，} \\ \text{各 } 1 \leq i \leq n \text{ について } a_i \in I, b_i \in J\}$$

とおくと，IJ も環 R のイデアルであって，$IJ \subseteq I \cap J$ となる．（IJ を I と J の積という．）

問題 1.21

A は可換環とする．$a_1, a_2, \ldots, a_n \in A \quad (n \geq 1)$ を取って，

$$I=\{x_1a_1+x_2a_2+\cdots+x_na_n \mid x_i \in A\}$$

とおく．次の主張 (1), (2), (3) が正しいことを示せ．

(1) $1 \leq \forall i \leq n$ について $a_i \in I$ である．

(2) I は A のイデアルである．

(3) J が A のイデアルで，$1 \leq \forall i \leq n$ について $a_i \in J$ なら，$I \subseteq J$ である．

即ち，環 A 内で上のイデアル I は元 $a_1, a_2, \ldots, a_n$ すべてを含む最小のイデアルである．この I を $a_1, a_2, \ldots, a_n$ で生成されたイデアルといい，$I=(a_1, a_2, \ldots, a_n)$ または $I=(a_1, a_2, \ldots, a_n)A$ と表す．一つの元 $a \in A$ で生成されたイデアル $I=(a)$ は**単項イデアル**であるという．

I は可換環 A のイデアルとする．I に対し有限個の元 $a_1, a_2, \ldots, a_n \in A$ $(n \geq 1)$ を選んで $I=(a_1, a_2, \ldots, a_n)$ と表すことができるとき，イデアル I は**有限生成**であるという．

問題 1.22

次が正しいことを示せ.

I, J は A のイデアルとする. I, J が有限生成なら, $I+J, IJ$ も有限生成である.

命題 1.23

I を環 R のイデアルとするとき, $I=R$ であることと $1 \in I$ とは同値である.

問題 1.24

$n \geq 1$ は自然数とする. 次の主張が正しいことを証明せよ.

(1) 環 $R = \mathrm{M}_n(\mathbb{C})$ のイデアルは, R と $\{0\}$ だけである.

(2) どんな環準同型写像 $\varphi : R \to S$ も単射である.

定理 1.25　剰余類環の構成

I は環 R のイデアルとする.

(1) 2 元 $a, b \in R$ に対し, $a-b \in I$ であることを $a \sim b$ と書くと, $\sim$ は集合 R 上の同値関係である.

(2) 元 $a \in R$ に対し, $\overline{a}$ によって, 元 a を含む同値類 $\mathrm{C}(a) = \{x \in R \mid x \sim a\}$ を表すと, 等式

$$\overline{a} = a + I = \{a + i \mid i \in I\}$$

が成り立つ. ($\overline{a}$ は $a \mod I$ と書くこともある.)

(3) 和と積を次のように定めると, 定義 1.1 の 4 条件が満たされ, 商集合 $R/I = \{\overline{a} \mid a \in R\}$ は環となる (ただし, R/I は零環となることもある). R が可換なら, 環 R/I も可換である.

$$\overline{a} + \overline{b} = \overline{a+b},\ \overline{a}\overline{b} = \overline{ab}$$

環 R/I をイデアル I による R の**剰余類環**という.

(4) 環 R/I が零環であるための必要十分条件は, $1 \in I$, 即ち $I = R$ である.

(5) $I \neq R$ とする. 自然な全射 $f : R \to R/I$, $f(a) = \overline{a}$ は環の準同型写像であって, $I = \operatorname{Ker} f$ が成り立つ.

[証明]　(1) $a-a = 0 \in I$ である. $a-b \in I$ なら $b-a = -(a-b) \in I$ である. $a-b, b-c \in I$ なら, $a-c = (a-b)+(a-c) \in I$ である.

(2) $x \in \overline{a}$ なら, $x \sim a$ すなわち $x - a \in I$ であるから, $i = x - a$ とおけば, $x = a + i \in a + I$ が得られる. 逆に $x \in a + I$ を取り $x = a + i$ $(i \in I)$ と表すと, $x - a = i \in I$ であるから, $x \sim a$ が成り立ち, $x \in \overline{a}$ となる. 故に, $\overline{a} = a + I$ である.

(3) $\overline{a} = \overline{a_1}$, $\overline{b} = \overline{b_1}$ ならば, $a = a_1 + i$, $b = b_1 + j$ $(i, j \in I)$ と表されるので, $a+b = (a_1+b_1)+(i+j)$, $ab = a_1b_1+(a_1j+ib_1+ij)$ である. $i+j$, $a_1j+ib_1+ij \in I$ であるから, $a+b \sim a_1+b_1$, $ab \sim a_1b_1$ となり, 等式 $\overline{a+b} = \overline{a_1+b_1}$, $\overline{ab} = \overline{a_1b_1}$ が成り立つ. すなわち, この加法と乗法は類 $\overline{a}$ と $\overline{b}$ の代表元 a, b の取り方によらず, 類 $\overline{a}$ と $\overline{b}$ に対して一意的に定まる[3)]. 商集合 R/I が環になる（R が可換なら, 環 R/I も可換である）ことは, 忠実に環の定義を検証することによって確かめることができる. なお, $0 = \overline{0}$, $-\overline{a} = \overline{-a}$, $1 = \overline{1}$ である.

(4) $\overline{1} = \overline{0}$ であることと $1 \in I$ は同値である.

(5) $\overline{a} = \overline{0}$ と $a = a - 0 \in I$ とは同値である. ゆえに $\operatorname{Ker} f = I$ である. □

---

3)　このことを「この和と積は well-defined である」という.

例 1.26

（問題 1.48 参照）$(7) = \{7n \mid n \in \mathbb{Z}\}$ とする．(7) は環 $\mathbb{Z}$ のイデアルである．$a \in \mathbb{Z}$ を取り

$$a = 7q + r \quad (q, r \in \mathbb{Z},\ 0 \leq r \leq 6)$$

と表す．即ち r は a を 7 で割った余りである．$a - r = 7q \in (7)$ であるから，$a \sim r$ であり，$\overline{a} = \overline{r}$ となる．故に

$$\mathbb{Z}/(7) = \{\ \overline{0},\ \overline{1},\ \overline{2},\ \overline{3},\ \overline{4},\ \overline{5},\ \overline{6}\ \}$$

であって，$\mathbb{Z}/(7)$ が整数を **7** で割った剰余（類）の集合に他ならないことがわかる．$0 \leq i, j \leq 6$ の範囲にある整数 i, j については，$i - j$ が 7 の倍数なら $i = j$ であるから，7 つの剰余類 $\overline{0}, \overline{1}, \overline{2}, \overline{3}, \overline{4}, \overline{5}, \overline{6}$ は互いに異なり，$\sharp(\mathbb{Z}/(7)) = 7$ を得る[4]．$\mathbb{Z}/(7)$ は可換環である（定理 1.25）が，積の表

$\times$	$\overline{0}$	$\overline{1}$	$\overline{2}$	$\overline{3}$	$\overline{4}$	$\overline{5}$	$\overline{6}$
$\overline{0}$	$\overline{0}$	$\overline{0}$	$\overline{0}$	$\overline{0}$	$\overline{0}$	$\overline{0}$	$\overline{0}$
$\overline{1}$	$\overline{0}$	$\overline{1}$	$\overline{2}$	$\overline{3}$	$\overline{4}$	$\overline{5}$	$\overline{6}$
$\overline{2}$	$\overline{0}$	$\overline{2}$	$\overline{4}$	$\overline{6}$	$\overline{1}$	$\overline{3}$	$\overline{5}$
$\overline{3}$	$\overline{0}$	$\overline{3}$	$\overline{6}$	$\overline{2}$	$\overline{5}$	$\overline{1}$	$\overline{4}$
$\overline{4}$	$\overline{0}$	$\overline{4}$	$\overline{1}$	$\overline{5}$	$\overline{2}$	$\overline{6}$	$\overline{3}$
$\overline{5}$	$\overline{0}$	$\overline{5}$	$\overline{3}$	$\overline{1}$	$\overline{6}$	$\overline{4}$	$\overline{2}$
$\overline{6}$	$\overline{0}$	$\overline{6}$	$\overline{5}$	$\overline{4}$	$\overline{3}$	$\overline{2}$	$\overline{1}$

より，体をなすことがわかる[5]．

4）$\sharp$ は集合の元の個数を表す．

5）体の定義は，定義 1.44 を見よ．

問題 1.27

$p \geq 2$ は素数とし，$k = \mathbb{Z}/(p)$ とおく．環 A は可換環で k を部分環として含むと仮定する．このとき，任意の $a, b \in A$ について $(a+b)^p = a^p + b^p$ であること，したがって写像 $f : A \to A$, $a \mapsto a^p$ は環の準同型写像であることを示せ．

定理 1.28　対応定理

I は環 R のイデアルで $I \neq R$ なるものとし，$f : R \to R/I$, $a \mapsto \overline{a}$ を自然な環準同型写像とする．このとき次の主張が正しい．

(1) J が環 R のイデアルなら，$f(J) = \{\overline{a} \mid a \in J\}$ は環 R/I のイデアルである．

(2) K が環 R/I のイデアルなら，$f^{-1}(K) = \{a \in R \mid \overline{a} \in K\}$ は環 R のイデアルであって，$I \subseteq f^{-1}(K)$ である．

(3) $\mathcal{S} = \{J \mid J$ は環 R のイデアルで $I \subseteq J\}$，$\mathcal{T} = \{K \mid K$ は環 R/I のイデアル$\}$ とおく．写像 $\varphi : \mathcal{S} \to \mathcal{T}, J \mapsto f(J)$ は全単射である．

(4) $J_1, J_2 \in \mathcal{S}$ のとき，$J_1 \subseteq J_2$ であるための必要十分条件は，$f(J_1) \subseteq f(J_2)$ が成り立つことである．

[証明]　(1),(2) は，正直に確認すればよい．(3) を見よう．(2) より，$\forall K \in \mathcal{T}$ について，$f^{-1}(K) \in \mathcal{S}$ であるから，$\psi(K) = f^{-1}(K)$ とおくことにより，写像 $\psi : \mathcal{T} \to \mathcal{S}, K \mapsto f^{-1}(K)$ が得られる．$\varphi \circ \psi = 1_{\mathcal{T}}, \psi \circ \varphi = 1_{\mathcal{S}}$ であることを確かめよう．$J \in \mathcal{S}$ とする．$\psi(\varphi(J)) = f^{-1}(f(J))$ であるから，$J \subseteq \psi(\varphi(J))$ は自明に正しい．$a \in \psi(\varphi(J))$ なら，$f(a) \in f(J)$ であるから，ある $j \in J$ が存在して等式 $f(a) = f(j)$ が成り立つ．$f(a) = \overline{a}, f(j) = \overline{j}$ であるので，$a - j \in I$ となるが，ここで $I \subseteq J$ であるから，$a - j \in J$ が従い，$j \in J$ であるの

で，$a \in J$ となる．故に $\psi(\varphi(J)) = J$，即ち $\psi \circ \varphi = 1_S$ が得られる．$K \in \mathcal{T}$ とせよ．$\varphi(\psi(K)) = K$ を示す．$\varphi(\psi(K)) = f(f^{-1}(K))$ である．$x \in f(f^{-1}(K))$ なら，$x = f(a)$ $(a \in f^{-1}(K))$ と表すと，$a \in f^{-1}(K) = \{a \in R \mid f(a) \in K\}$ であるから，$x = f(a) \in K$，即ち $f(f^{-1}(K)) \subseteq K$ である．逆に $x \in K$ をとり $x = \overline{a}$ $(a \in R)$ と表すと，$x \in K$ であるので $a \in f^{-1}(K)$ が得られ，$x = f(a) \in f(f^{-1}(K))$ が従う．故に $K \subseteq f(f^{-1}(K))$ であり，等式 $\varphi(\psi(K)) = K$ が得られ，$\varphi \circ \psi = 1_{\mathcal{T}}$ が示される．主張 (4) は明らかである．□

環の同型定理

R, S は環とする．

定理 1.29　環の準同型定理

$f : R \to S$ は環の準同型写像，I は環 R のイデアルとする．$I \subseteq \operatorname{Ker} f$ なら，$f = g \circ h$ を満たす環の準同型写像 $g : R/I \to S$ がただ一つ定まる．ただし，$h : R \to R/I, a \mapsto \overline{a}$ は自然な環準同型写像とする．

[証明]　写像 $g : R/I \to S$ を $g(\overline{a}) = f(a)$ で定める．$f(a)$ は a の取り方によらず，$\overline{a}$ に対し一意的に定まる[6]．実際，2 元 $a, b \in R$ が等式 $\overline{a} = \overline{b}$ を満たすなら，$a - b \in I$ である．$I \subseteq \operatorname{Ker} f$ であるから，$f(a) - f(b) = f(a - b) = 0$ となり，$f(a) = f(b)$ が得られる．この g が環準同型写像であって，等式 $f = gh$ が成り立つことを確かめるのは，きわめて容易である．写像 g の一意性は，写像 h が全射であることから従う．□

6）即ち，写像 g は well-defined である．

系 1.30　環の同型定理

$f : R \to S$ は環の準同型写像で全射であると仮定し，$I = \mathrm{Ker}\, f$ とおく．$h : R \to R/I, a \mapsto \overline{a}$ は自然な環準同写像とする．このとき，定理 1.29 によって得られた環準同型写像 $g : R/I \to S$ は，全単射（したがって $R/I \cong S$）である．

[証明]　f が全射だから，g も全射である．$I = \mathrm{Ker}\, f$ であるから，$g(\overline{a}) = f(a) = 0$ なら $a \in I$ となり，$\overline{a} = 0$ が得られる．ゆえに $\mathrm{Ker}\, g = \{0\}$ であって，命題 1.17 より，g は単射であることがわかる．□

問題 1.31

問題 1.5 で，$I = (0) \times \mathbb{Q}$ とすると，I は環 $A = \mathbb{Z} \ltimes \mathbb{Q}$ のイデアルであって，$A/I \cong \mathbb{Z}$ であることを確かめよ．

整域と体

R は環とする．

定義 1.32

元 $a \in R$ に対し，等式 $ax = xa = 1$ を満たす $x \in R$ が存在するとき，$a \in R$ は環 R の**単元**であるという．

問題 1.33

定義 1.32 における $x \in R$ は，元 $a \in R$ に対し環 R 内で一意的に定まることを確かめよ．（この x を a の**逆元**と言って，$x = a^{-1}$ と表す．）

問題 1.34

次の主張が正しいことを確かめよ.

(1) $1 \in R$ は単元であって, $1^{-1} = 1$ が成り立つ.

(2) $a, b \in R$ が単元なら, ab も単元であって, 等式 $(ab)^{-1} = b^{-1}a^{-1}$ が成り立つ. したがって $a \in R$ が単元なら, $-a$ も単元である.

(3) $R^\times = \{a \in R \mid a$ は R の単元である $\}$ とおくと, 集合 $R^\times$ は, 環 R の積を演算に群をなす.

(4) $R^\times \subseteq R \setminus \{0\}$ である.

(5) I を R のイデアルとすると, $I = R$ であることと, I が R の単元を少なくとも一つ含むことは同値である.

$R^\times$ を環 R の**単元群**という. ($R^\times$ は, $\mathrm{U}(R)$ と書くこともある.)

問題 1.35

$R = \{a + bi \mid a, b \in \mathbb{Z}\}$ $(i = \sqrt{-1})$ とする. R は $\mathbb{C}$ の部分環であることを示し, $R^\times = \{\pm 1, \pm i\}$ であることを確かめよ.

問題 1.36

問題 1.5 の環 A を考える. $A^\times = \{(a, x) \mid a = \pm 1, x \in \mathbb{Q}\}$ であることを確かめよ.

命題 1.37

$f : R \to S$ が環の準同型写像なら, $f(R^\times) \subseteq S^\times$ であって, $\forall a \in R^\times$ について等式 $f(a)^{-1} = f(a^{-1})$ が成り立つ. したがって, $\varphi : R^\times \to S^\times$, $a \mapsto f(a)$ は, 群の準同型写像である.

以下，$\boldsymbol{A}$ は可換環とする[7]．

$a, b \in A$ とする．$a \in A^\times$ なら，方程式 $ax = b$ は環 A 内にただ一つの解 $x = a^{-1}{\cdot}b$ を持つ．以下，$a^{-1}b$ を $\dfrac{b}{a}$ と書くことにすれば，$\dfrac{1}{a} = a^{-1}$ であり，次の主張が正しい．

命題 1.38

$a, b, c, d \in A$ で $a, c \in A^\times$ とすると，次の等式が成り立つ．

(1) $\dfrac{b}{a} + \dfrac{d}{c} = \dfrac{bc + ad}{ac}$, $\dfrac{b}{a}{\cdot}\dfrac{d}{c} = \dfrac{bd}{ac}$

(2) $\dfrac{cb}{ca} = \dfrac{b}{a}$

(3) $-\dfrac{b}{a} = \dfrac{-b}{a} = \dfrac{b}{-a}$, $\dfrac{0}{a} = 0$, $\dfrac{b}{a} - \dfrac{d}{c} = \dfrac{bc - ad}{ac}$

(4) $\dfrac{b}{1} = b$

[証明]　両辺に ac, a, $-a$ を掛けることによって確かめよ．　□

定義 1.39

$a \in A$ に対し，写像 $\widehat{a} : A \to A$ を $\widehat{a}(x) = ax, \forall x \in A$ によって定める．

$\widehat{a}$ は加法に関する群準同型写像である．

7) この本は可換環の勘どころを押さえることを目的とする．可換でない環が重要でないと言っているわけではない．実際，表現論はおもに非可換環の世界に属するが，現代表現論は加群圏の部分圏の分類に力点が置かれ，これを通して可換環論と非可換環論の境界があっさり乗り越えられるような時代が来ている．ただ，両者の勘どころには依然として異なる面があるようで，そのため以下この本では，著者がよりよく知っている可換環の話題に限定している．

命題 1.40

$a \in A$ について，次の条件は同値である．

(1) $a \in A^\times$ である．

(2) 写像 $\hat{a}$ は全射である．

(3) 写像 $\hat{a}$ は全単射である．

定義 1.41

$a \in A$ とする．$x \in A$ について，$ax = 0$ ならば必ず $x = 0$ となるとき，元 a は環 A の**非零因子**であるという．

命題 1.42

$a \in A$ とする．次の条件は同値である．

(1) a は A の非零因子である．

(2) 写像 $\hat{a}$ は単射である．

したがって，$a \in A^\times$ なら，元 a は非零因子である．

非零因子は必ずしも単元ではない．例えば，環 $\mathbb{Z}$ 内では，いかなる整数 $a \geq 2$ も非零因子であるが，単元ではない．

定義 1.43

$0 \neq \forall a \in A$ が非零因子であるとき，即ち，$a, b \in A$ に対し，$a, b \neq 0$ なら必ず $ab \neq 0$ であるとき，環 A は**整域**であるという．

$\mathbb{Z}, \mathbb{Q}, \mathbb{R}, \mathbb{C}$ は整域である．整域の部分環は整域である．$\overline{2} \cdot \overline{3} = \overline{6} = 0$ であるが，$\overline{2}, \overline{3} \neq 0$ であるから，剰余類環 $\mathbb{Z}/(6)$ は整域ではない．問題 1.5 の環も整域ではない．

定義 1.44

K は可換環で，環 K の 0 と異なる全ての元が単元であるとき，即ち，等式 $K^\times = K \setminus \{0\}$ が成り立つとき，K は体であるという.

$\mathbb{Q}, \mathbb{R}, \mathbb{C}$ は体である[8].

問題 1.45

$K_1 = \{a + b\sqrt{5} \mid a, b \in \mathbb{Q}\}$, $K_2 = \{a + bi \mid a, b \in \mathbb{Q}\}$ とおけば，集合 K_1, K_2 は，体 $\mathbb{C}$ の部分環であって，体をなすことを確かめよ.

命題 1.46

A は可換環とする．環 A に関する次の 3 条件は，互いに同値である.

(1) A は体である.

(2) 環 A のイデアルは，A と $\{0\}$ のみである.

(3) 全ての環準同型写像 $f : A \to B$ は単射である.

[証明] I が環 A のイデアルのとき，I が A の単元を一つでも含めば，$I = A$ となることを用いよ. □

命題 1.47

次の主張が正しい.

(1) 体の部分環は整域である[9].

(2) A は可換環とする．A が有限集合なら，環 A の非零因子

8) Galois の理論は体の代数拡大の理論である．一部は 2.5 節で取り扱う.

9) 逆も正しい．定理 1.92 を見よ.

は必ず A の単元である.

(3) 環 A が有限集合で整域なら，A は体である.

[証明] (2) X が有限集合なら，単射 $f : X \to X$ は必ず全単射であることによる. □

問題 1.48

次の主張 (1), (2), (3) を証明し，問 (4) に答えよ.

(1) $a \geq 2$ は整数とする．環 $\mathbb{Z}/(a)$ は元の個数が a の有限集合である.

(2) $a \geq 2$ は整数とする．$n \in \mathbb{Z}$ について，$\overline{n} \in \mathbb{Z}/(a)$ が環 $\mathbb{Z}/(a)$ の単元であるための必要十分条件は，a, n が互いに素であることである.

(3) 整数 $p \geq 2$ が素数なら，剰余類環 $\mathbb{Z}/(p)$ は体をなす.

(4) 体 $\mathbb{Z}/(11)$ と体 $\mathbb{Z}/(17)$ 内で，次の計算を実行せよ.

$$\frac{\overline{3}}{\overline{2}} + \frac{\overline{7}}{\overline{6}}, \quad \frac{\overline{5}}{\overline{4}} \cdot \frac{\overline{10}}{\overline{7}}, \quad \frac{\overline{6}}{\overline{7}} - \frac{\overline{4}}{\overline{5}}$$

極大イデアルと素イデアル

A は可換環とする.

定義 1.49

P は環 A のイデアルとする．次の条件を満たすとき，P は環 A の**素イデアル**であるという.

(1) $P \subsetneq A$ である.

(2) $a, b \in A$ のとき，$ab \in P$ ならば，$a \in P$ であるかまたは

$b \in P$ が成り立つ.

命題 1.50

$\mathfrak{p}$ は環 A の素イデアル, I, J は A のイデアルとする. このとき, $IJ \subseteq \mathfrak{p}$ ならば, $I \subseteq \mathfrak{p}$ であるか $J \subseteq \mathfrak{p}$ が成り立つ. 故に, イデアル $I_1, I_2, \ldots, I_n$ に対し, 等式

$$\bigcap_{i=1}^{n} I_i = \mathfrak{p}$$

が成り立つなら, ある $1 \leq i \leq n$ について $I_i = \mathfrak{p}$ となる.

[証明]　$I \not\subseteq \mathfrak{p}$ かつ $J \not\subseteq \mathfrak{p}$ なら, 元 $a \in I$ と $b \in J$ を $a, b \notin \mathfrak{p}$ と取ることができる. このとき, $ab \in IJ$ であるが, $ab \notin \mathfrak{p}$ であるので, $IJ \not\subseteq \mathfrak{p}$ である. □

定理 1.51

$\mathfrak{p}$ は環 A のイデアルであって, $\mathfrak{p} \subsetneq A$ なるものと仮定せよ. このとき, $\mathfrak{p}$ が環 A の素イデアルであるための必要十分条件は, 剰余類環 $A/\mathfrak{p}$ が整域となることである.

[証明]　$A/\mathfrak{p}$ は整域とする. $ab \in \mathfrak{p}$ ならば, 環 $A/\mathfrak{p}$ 内では $\overline{a}\overline{b} = \overline{ab} = 0$ であるから, $\overline{a} = 0$ か $\overline{b} = 0$ となる. したがって $a \in \mathfrak{p}$ か $b \in \mathfrak{p}$ が成り立つ. 故に $\mathfrak{p}$ は環 A の素イデアルである. 同様に, $\mathfrak{p}$ が環 A の素イデアルなら $A/\mathfrak{p}$ が整域となることを確かめることができる. □

定義 1.52

M は環 A のイデアルとする. 次の条件を満たすとき, M は環 A の**極大イデアル**であるという.

(1) $M \subsetneq A$ である.

(2) I を環 A のイデアルで，$M \subseteq I \subseteq A$ なるものとすれば，$M = I$ であるかまたは $I = A$ が成り立つ.

定理 1.53

M は環 A のイデアルであって，$M \subsetneq A$ なるものと仮定せよ．このとき，M が環 A の極大イデアルであるための必要十分条件は，剰余類環 A/M が体をなすことである.

[証明] A/M は体であると仮定し，イデアル I は $M \subsetneq I$ なるものとする．$a \in I$ を $a \notin M$ に取ると，A/M 内では $\overline{a} \neq 0$ であるから，$\overline{a}$ は逆元を持ち，ある $x \in A$ があって等式 $\overline{x}{\cdot}\overline{a} = \overline{1}$ が成り立つ．$1 - ax \in M \subseteq I$ であって $a \in I$ であるから，$1 \in I$ となり，等式 $I = A$ が従う．故に M は環 A の極大イデアルである．逆に，M は環 A の極大イデアルと仮定しよう．$a \in A$ は環 A/M 内で $\overline{a} \neq 0$ なるものとする．故に $a \notin M$ である．したがって，$I = (a) + M = \{ax + y \mid x \in A, y \in M\}$ とおくと，I は A のイデアルであって $M \subseteq I$ であるが，$a \in I \setminus M$ であるから，$M \subsetneq I$ となる．M は極大であるから，等式 $I = A$ が成り立ち，$1 = ax + y$ となる $x \in A$ と $y \in M$ が存在することがわかる．故に，A/M 内では，等式 $1 = \overline{a}{\cdot}\overline{x} + \overline{y} = \overline{a}{\cdot}\overline{x}$ が成り立ち，元 $\overline{a}$ は A/M の単元である．即ち A/M は体である．□

故に，次が成り立つ.

系 1.54

M が A の極大イデアルなら，M は素イデアルである.

素イデアルは必ずしも極大イデアルではない．例えば，$\mathbb{Z}$ 内で

(0) は素イデアルであるが，極大イデアルではない．

可換環は少なくとも一つ極大イデアルを含むことが知られている[10]．

整数環 $\mathbb{Z}$

可換環のモデルの一つは整数の全体がなす環 $\mathbb{Z}$ である．ここでは，イデアルという抽象的な概念を用いて，いつの間にか知っていて正しいと信じ自由に使っている整数の性質がなぜ正しいのかを確認したいと思う．基本的には，2500 年以前に Euclid によって証明された事柄を，現代的な手法で確認するだけの作業であるが，抽象化すると議論がこんなにも単純で明瞭になるのかという驚きを持って読んでいただけると嬉しい．

補題 1.55　Euclid の補題

n, m は整数で $n > 0$ とする．このとき，等式 $m = nq + r\ (0 \leq r < n)$ が成り立つような整数の組 (q, r) がただ一つ存在する．

[証明]　組 (q, r) としては，$q = \max\{x \in \mathbb{Z} \mid xn \leq m\}$，$r = m - nq$ を取ればよい．整数の組 $(q, r), (q', r')$ がどちらも定理に述べられた条件を満たすなら，$n(q - q') = r' - r$ である．$|r' - r| < n$ であるから，$r' = r$ となり，$q = q'$ が従う．□

定理 1.56

I が $\mathbb{Z}$ のイデアルなら，整数 $a \geq 0$ によって，$I = (a)$ と表

10)　定理 1.80.

される．このような整数 $a \geq 0$ は，イデアル I に対し一意的に定まる．

[証明] $I \neq (0)$ としてよい．イデアル I は少なくとも一つ正整数を含む．

$$a = \min\{x \in I \mid x > 0\}$$

とおき，等式 $I = (a)$ が成り立つことを示そう．$a \in I$ であるから，$(a) \subseteq I$ となる．$\forall x \in I$ を取ると，$a > 0$ であるので，補題 1.55 によって，$x = aq + r$, $0 \leq r < a$ と表すことができるが，$r = x - aq \in I$ であるから，正整数 a の最小性より $r = 0$ が従い，$x = aq \in (a)$ が得られる．故に $I = (a)$ である． □

問題 1.57

次の等式を満たす整数 $d, \ell > 0$ を求め，それぞれ最大公約数，最小公倍数であることを確かめよ．

(1) $(3) + (7) = (d)$,　$(3) \cap (7) = (\ell)$

(2) $(6) + (8) + (12) = (d)$,　$(6) \cap (8) \cap (12) = (\ell)$

問題 1.58

$A = \mathbb{Z}/(24)$ とする．次の問いに答えよ．

(1) A の単元をすべて求めよ．

(2) A 内では非零因子は必ず単元であることを示せ．

(3) I が A のイデアルなら，$I = (\overline{a})$ (a は整数で $0 \leq a \leq 23$) という形をしていることを示せ．

(4) a は整数で $0 \leq a \leq 23$ とする．$I = (\overline{a})$ が A の素イデアルとなるような a をすべて求めよ．

ただし $\overline{a} = a + (24)$ である．

系 1.59

(1) $I_1 \subseteq I_2 \subseteq \cdots \subseteq I_i \subseteq \cdots$ が $\mathbb{Z}$ のイデアルの昇鎖なら，番号 $k \geq 1$ を選んで，$\forall i \geq k$ について等式 $I_k = I_i$ が成り立つようにすることができる．

(2) $\mathbb{Z}$ のイデアル全体のなす集合を $\mathcal{X}$ とすれば，$\mathcal{X}$ のいかなる空でない部分集合 $\mathcal{S}$ も，少なくとも一つ包含関係に関する極大元 I（即ち，$I \in \mathcal{S}$ であってしかも $I \subsetneq J$ となる $J \in \mathcal{S}$ が存在しないような元 I）を含む．

[証明]　(1) $I = \bigcup_{n \geq 1} I_n$ とおけば，I は $\mathbb{Z}$ のイデアルである．等式 $I = (a)$ が成り立つよう $a \in \mathbb{Z}$ をとり，$a \in I_k$ となるよう番号 $k \geq 1$ を選ぶ．このとき，$i \geq k$ なら $a \in I_i$ であるから，$I = (a) \subseteq I_i$ であって，$I_i \subseteq \bigcup_{n \geq 1} I_n = I$ より，$I_i = I$ が従う．

(2) 集合 $\mathcal{S}$ が極大元を含まないならば，いかなる元 $I \in \mathcal{S}$ に対しても，$I \subsetneq J$ となる $J \in \mathcal{S}$ が存在するので，イデアルの昇鎖 $I_1 \subsetneq I_2 \subsetneq \cdots \subsetneq I_i \subsetneq \cdots$ が得られるが，これは (1) により不可能である．

□

系 1.60

I が $\mathbb{Z}$ のイデアルで $I \neq \mathbb{Z}$ なら，イデアル I を含むような極大イデアル M が少なくとも一つは存在する．

定義 1.61

整数 p は，イデアル (p) が環 $\mathbb{Z}$ の極大イデアルであるとき，即ち，剰余類環 $\mathbb{Z}/(p)$ が体をなすとき，**素数**であるという．したがって，p が素数なら，$p \neq 0, \pm 1$ である．

次の定理 1.62 内の条件 (1),(2) は多くの読者が同じことだと信じているのではないかと思うが，決してそうではない．同値性は明らかではなく証明を要する事柄であると考え，証明をつけることができた Euclid は，やはり偉大な数学者であると思わずにはおれない．

定理 1.62 **(Euclid)**

p は整数で $p \neq 0, \pm 1$ とする．このとき次の条件は同値である．

(1) p は素数である．

(2) p は**既約数**である．即ち，a, b が整数で $p = ab$ なら，$a = \pm 1$ であるかまたは $b = \pm 1$ が成り立つ．

整数 a, b について，b が a の倍数であることを，$a \mid b$ と書く．

[証明] (1) $\Rightarrow$ (2) : $p = ab$ $(a, b \in \mathbb{Z})$ とする．$ab \in (p)$ である．(p) は素イデアルなので，$a \in (p)$ であるか $b \in (p)$ が成り立つ．$b \in (p)$ とし，$b = pc$ $(c \in \mathbb{Z})$ と表すと，$p = p(ac)$ であるから，$ac = 1$ となり，$a = \pm 1$ が得られる．

(2) $\Rightarrow$ (1) : $I = (p)$ とおく．$I \neq \mathbb{Z}$ である．I が極大イデアルであることを示そう．J を環 $\mathbb{Z}$ のイデアルとし，$I \subseteq J \subsetneq \mathbb{Z}$ と仮定する．$0 \neq p \in J$ である．J は単項であるから，$J = (a)$ となる整数 $a \geq 2$ が得られるが，$a \mid p$ なので，(2) の仮定より $a = \pm p$ であり，等式 $I = J$ が従う．故に，I は極大イデアルで，p は素数である．□

さて，素因数分解とその一意性を証明しよう．

系 1.63

$a \geq 2$ が整数なら，有限個の素数 $p_1, p_2, \ldots, p_n$ $(p_i \geq 2)$ を選んで，等式 $a = p_1 p_2 \cdots p_n$ が成り立つようにできる．素因数分

解 $a = p_1 p_2 \cdots p_n$ $(p_i \geq 2)$ は，順序の違いを除いて，整数 $a \geq 2$ に対し一意的に定まる．

[証明] 素因数分解を持たない整数 $a \geq 2$ が存在したと仮定する．このとき

$$\mathcal{S} = \{(a) \mid 2 \leq a \in \mathbb{Z} \text{ で整数 } a \text{ は素因数分解を持たない}\}$$

と定めると，$\mathcal{S} \neq \emptyset$ であるから，集合 $\mathcal{S}$ 内には，包含関係に関する極大元 $I = (a)$ $(a \geq 2)$ が存在する（系 1.59 (2) 参照）．a は素因数分解を持たないので，a は素数ではなく，既約でもない（定理 1.62 参照）．整数 $b, c \geq 2$ を $a = bc$ が成り立つようにとり，$J = (b)$，$K = (c)$ とおけば，$b, c \geq 2$ であるから，$I \subsetneq J, I \subsetneq K$ となる．故に，イデアル I は集合 $\mathcal{S}$ 内で極大であるので，$J, K \notin \mathcal{S}$ である．故に，整数 b, c はどちらも素因数分解を持ち，したがって $a = bc$ も素因数分解を持つことになるが，不可能である．素因数分解の一意性を確認しよう．$a = p_1 p_2 \cdots p_n = q_1 q_2 \cdots q_m$ $(p_i, q_j \geq 2$，素数) とする．$n = 1$ ならば，$p_1 = q_1 q_2 \cdots q_m$ である．p_1 は素数で，したがって既約であるから，$m = 1$ が従う．$n > 1$ とし，$n - 1$ 以下では素因数分解の一意性が成り立っていると仮定する．すると，$q_1 q_2 \cdots q_m \in (p_1)$ より，ある素数 q_i について，$q_i \in (p_1)$，即ち $p_1 = q_i$ が成り立つ（定理 1.62）．並べ替えて $p_1 = q_1$ と仮定してよい．すると，$p_2 \cdots p_n = q_2 q_3 \cdots q_m$ であるから，帰納法の仮定より，$n = m$ と $p_i = q_i$ $(2 \leq i \leq n)$ とが従う． □

系 1.64

素数の個数は無限である．

[証明] 正の素数が有限個 $\{p_1, p_2, \ldots, p_n\}$ しか存在しないと仮定し，$a = p_1 p_2 \cdots p_n + 1$ とおくと，$a \geq 2$ であるから，系 1.63 によって，$p \mid a$ となる素数 $p \geq 2$ が存在する．この p は，p_i $(1 \leq i \leq n)$ のどれかであるから，$p = p_1$ とすれば，$p_1 \mid a$，$a = p_1 p_2 \cdots p_n + 1$ より，$p_1 \mid 1$ となる．これは不可能である． □

整数 $a_1, a_2, \ldots, a_n$ を取り，$I = (a_1, a_2, \ldots, a_n)$ とおく．整数 $d \geq 0$ を等式 $I = (d)$ が成り立つように取れば，$a_i \in I = (d)$ であるから，$d \mid a_i$ が全ての $1 \leq i \leq n$ に対して成り立つ．一方，$d \in I$ であるから，$d = \sum_{i=1}^{n} x_i a_i$ $(x_i \in \mathbb{Z})$ と表すことができる．故に，整数 $e \in \mathbb{Z}$ が全ての $1 \leq i \leq n$ に対し $e \mid a_i$ なら，$e \mid d$ が成り立つ．即ち d は $a_1, a_2, \ldots, a_n$ の**最大公約数**であり，次の定理が得られる．

命題 1.65

$a_1, a_2, \ldots, a_n$ は整数とし，それらの最大公約数を d とすると，整数 $x_1, x_2, \ldots, x_n$ によって

$$d = \sum_{i=1}^{n} a_i x_i$$

と表すことができる．

系 1.66

a, b を整数とすれば，a, b が互いに素であるための必要十分条件は，等式 $1 = ax + by$ が成り立つような整数 x, y が存在することである．

系 1.67

a, b, c は整数とせよ．a, b が互いに素であって $a \mid bc$ なら，$a \mid c$ である．

[証明]　$bc = ad$ とし，整数 x, y を取り $1 = ax + by$ と表すと，等式 $c = a(cx + dy)$ が得られ，$a \mid c$ が従う．□

命題 1.68

整数 $a_1, a_2, \ldots, a_n$ に対し，整数 $\ell \geq 0$ を等式

$$\bigcap_{i=1}^{n} (a_i) = (\ell)$$

が成り立つように取ると，ℓ は $a_1, a_2, \ldots, a_n$ の最小公倍数である．

1.2　埋め込みの原理と Zorn の補題

埋め込みの原理

次の補題が正しいことが知られている．認めて使うことにしよう．

補題 1.69

空でない二つの集合 X, Y を与えれば，$Y \cap Z = \emptyset$ であるような空でない集合 Z と全単射 $\varphi : X \to Z$ の組 (Z, φ) が少なくとも一つ存在する．

次の補題は，正しいことを各自確かめてほしい．

補題 1.70

R は環とする．X は空でない集合で，全単射 $f : R \to X$ が与えられていると仮定せよ．X 上に和と積を

$$a + b = f\left(f^{-1}(a) + f^{-1}(b)\right),\ ab = f(f^{-1}(a)f^{-1}(b))$$

で定めると，集合 X はこの和と積によって環となる．このとき，f は環の同型写像であって，R が可換（体，あるいは整域）ならば，環 X も可換（体，あるいは整域）となる．

定理 1.71

写像 $f : A \to B$ は環の準同型写像であって，単射と仮定する．このとき，次の条件を満たすような環 C と環の同型写像 $g : B \to C$ の組 (C, g) が少なくとも一つ存在する．

(1) A は環 C の部分環である．

(2) 写像 $i : A \hookrightarrow C$ によって自然な埋め込み $i(a) = a$ を表すと，等式 $i = gf$ が成り立つ．

したがって，B が体であれば，C は A を部分環として含む体である．

[証明] $B = f(A)$ なら，$C = A$ と取ればよい．$B \neq f(A)$ とせよ．空でない集合 X と全単射 $\varphi : B \backslash f(A) \to X$ の組 (X, φ) を，$X \cap A = \emptyset$ が成り立つように取る（補題 1.69）．(X, φ) を用いて，集合 C と写像 $g : B \to C$ を下の様に定義しよう．$C = X \cup A$ とおき，写像 $g : B \to C$ を次のように定める．元 $b \in B$ について，もし $b \in f(A)$ ならば，$b = f(a)$ となる $a \in A$ がただ一つ定まるから，$g(b) = a$ とおく．もし $b \notin f(A)$ なら，$g(b) = \varphi(b)$ とおく．すると，写像 g は全

単射であるから，補題 1.70 より，集合 C は環 B の和と積から導かれる和と積によって環となる．$i = gf$ であるから，環 A は環 C の部分環である． □

この考え方（定理 1.71）[11]は，あらゆる数学的構造に対して適用可能であり，**埋め込みの原理**と呼ばれている．

Zorn の補題

Zorn の補題は数学のいろいろな場面で使われ，可換環論でも不可欠の重要な補題である．読者はこの補題を理解し上手に使えるよう努めて欲しい．

X は空ではない集合とする．集合 X 上の関係 $\leq$ が次の 3 条件を満たすとき，関係 $\leq$ を集合 X 上の**順序**と言い，順序関係が一つ指定されているとき，集合 X は**順序集合**であるという．

(1) 任意の元 $x \in X$ に対し，$x \leq x$ である．

(2) $x, y \in X$ について，$x \leq y$ であってかつ $y \leq x$ なら，$x = y$ である．

(3) $x, y, z \in X$ について，$x \leq y$ かつ $y \leq z$ なら，$x \leq z$ である．

例えば，環 R のイデアル全体からなる集合を X とすると，包含関係 $\subseteq$ は，集合 X 上の順序である．実数の集合 $\mathbb{R}$ は順序集合である．順序集合は数学のいたるところに現れる．

以下，集合 X は順序集合とする．

定義 1.72

集合 X の空でない部分集合 C が**鎖**であるとは，C の任意の

11） 要するに単射は埋め込みと思ってよいということである．

2 元 a, b に対して $a \leq b$ または $b \leq a$ が成り立つことをいう.

定義 1.73

X の空でない部分集合 $\mathcal{S}$ が X 内で**上に有界**であるとは，ある元 $a \in X$ が存在して，任意の元 $x \in \mathcal{S}$ に対し $x \leq a$ が成り立つことをいう.

定義 1.74

元 $a \in X$ が X 内で**極大**であるとは，$x \in X$ について，$a \leq x$ ならば $a = x$ が成り立つことをいう.

極大イデアルの定義を言い直すと，下記のようになる.

定義 1.75

A は可換環，M は A のイデアルとする．M が環 A の極大イデアルであるとは，$M \neq A$ であって，M が集合 $X = \{I \mid I$ は環 A のイデアルで $I \neq A\}$ の中で包含関係に関して極大であることをいう.

補題 1.76　Zorn の補題

空でない順序集合 X 内で全ての鎖が上に有界であれば，集合 X は少なくとも一つの極大元を含む.

定義 1.77

順序集合 X は次の条件を満たすとき，**整列集合**であるという．**集合 $\boldsymbol{X}$ の任意の空でない部分集合 $\boldsymbol{S}$ は，最小元 $\boldsymbol{a} \in \boldsymbol{S}$ (即ち，任意の $\boldsymbol{s} \in \boldsymbol{S}$ に対して $\boldsymbol{a} \leq \boldsymbol{s}$ であるような元 $\boldsymbol{a} \in$**

$\boldsymbol{S}$）を含む．

定理 1.78　**整列定理**

集合 Z が空でないならば，Z 上に順序を定めて，整列集合にすることができる．

補題 1.79　**選択公理**

空でない集合 I を添字集合とする，空でない集合のいかなる族 $\{X_i\}_{i\in I}$ に対しても，直積集合

$$\prod_{i\in I} X_i = \{\{x_i\}_{i\in I} \mid \forall i \in I \text{ について } x_i \in X_i\}$$

は空でない．

意外に感じる読者も多いと思われるが，以上3つの主張（Zornの補題，整列定理，選択公理）は，互いに同値であることが知られている．大学院への進学を志す方には，折を見て同値性の証明を体験することを薦める．

以後，これらを受け入れて，自由に使うことにしよう．

極大イデアルの存在

Zornの補題の代表的な使用例を1つ述べよう．A は可換環とする．

定理 1.80

I を環 A のイデアルで $I \neq A$ なるものとすれば，環 A 内には，$I \subseteq M$ となるような極大イデアル M が，少なくとも一

つは含まれている.

[証明] $X = \{J \mid J$ は A のイデアルで $J \neq A\}$ とおく. すると, $I \in X$ であるから, X は空集合ではない. 以下, 包含関係 $\subseteq$ によって, 集合 X を順序集合とみなす. 集合 X 内に任意の鎖 $\mathcal{C}$ を取り, $K = \bigcup_{J \in \mathcal{C}} J$ とおくと, 部分集合 K は環 A のイデアルで, $K \neq A$ となる. $K \in X$ であって, $J \subseteq K$ が全ての $J \in \mathcal{C}$ に対して成り立つから, Zorn の補題により, 極大元 $M \in X$ が存在する. これが求める極大イデアルである. □

系 1.81

$I \neq A$ を環 A のイデアルとすれば, $I \subseteq P$ となる素イデアル P が存在する.

環 A の素イデアル全体のなす集合を $\operatorname{Spec} A$ で表す. $\operatorname{Spec} A \neq \emptyset$ である.

問題 1.82

環 A のイデアル I に対して, $\mathrm{V}(I) = \{\mathfrak{p} \in \operatorname{Spec} A \mid I \subseteq \mathfrak{p}\}$ と定める. 集合 $X = \operatorname{Spec} A$ は $\{\mathrm{V}(I) \mid I$ は環 A のイデアル $\}$ を閉集合族として, 位相空間となる. 確かめよ.

1.3 局所化

局所化とは整数環 $\mathbb{Z}$ から有理数体 $\mathbb{Q}$ を構成する方法の一般化で

ある．読者はここで，整数環 $\mathbb{Z}$ から有理数体 $\mathbb{Q}$ を構成しているのだと考えてもらっても構わない．

積閉集合と局所化

以下 A は可換環とする．集合 S は，次の条件を満たすとき，A 内の**積閉集合**であるという．

(1) $1 \in S \subseteq A$ である．

(2) $0 \notin S$ である．

(3) $\forall s, t \in S$ に対し，$st \in S$ である．

例 1.83

次の集合 S は，環 A 内の積閉集合である．

(1) $S = \{a \in A \mid a$ は A の非零因子である $\}$

(2) べき零でない元 $f \in A$，すなわちいかなる整数 $n \geqq 0$ についても $f^n \neq 0$ である元 $f \in A$ を取って，$S = \{f^n \mid n \geq 0\}$ とおく．

(3) 素イデアルの族 $\{\mathfrak{p}_i\}_{i \in I}$ を取って，$S = A \backslash \bigcup_{i \in I} \mathfrak{p}_i$ とおく．特に，$\mathfrak{p} \in \operatorname{Spec} A$ を取り，$S = A \setminus \mathfrak{p}$ とおく．

環 A 内に積閉集合 S が与えられていると仮定し，$X = S \times A$ とおく．2元 $(s, a), (t, b) \in X$ について，ある元 $u \in S$ が存在して等式 $u(sb - ta) = 0$ が成り立つとき，$(s, a) \sim (t, b)$ と書く．

命題 1.84

関係 $\sim$ は，集合 $X = S \times A$ 上の同値関係である．

[証明] (1) $(s,a)\sim(s,a)$ は，明らかである．

(2) $(s,a)\sim(t,b)$ ならば，ある元 $u\in S$ があって等式 $u(sb-ta)=0$ が成り立つ．$u(ta-sb)=0$ であるから，$(t,b)\sim(s,a)$ である．

(3) $(s,a)\sim(t,b)$, $(t,b)\sim(u,c)$ とせよ．元 $v\in S$ を $v(sb-ta)=0$, $v(tc-ub)=0$ となるよう共通に取ると，$(vt)(sc-ua)=u[v(sb-ta)]+s[v(tc-ub)]=0$ であるから，$(s,a)\sim(u,c)$ となる．□

商集合 $X/\sim$ を $S^{-1}A$ と書き，元 $(s,a)\in X$ に対し，(s,a) を含む同値類 $\overline{(s,a)}$ を，$\dfrac{a}{s}$ で表す[12)]．

補題 1.85

$a,b\in A$ とする．次の主張が正しい．

(1) $s,t\in S$ のとき，$\dfrac{a}{s}=\dfrac{b}{t}$ である必要かつ十分条件は，等式 $u(sb-ta)=0$ を満たす元 $u\in S$ が存在することである．

(2) $\forall s,t\in S$ に対し，$\dfrac{a}{s}=\dfrac{ta}{ts}$ である．

(3) $\forall s,t\in S$ に対し，$\dfrac{0}{s}=\dfrac{0}{t}$, $\dfrac{s}{s}=\dfrac{t}{t}$ である．

(4) $\forall s,t\in$ に対し，$\dfrac{sa}{s}=\dfrac{ta}{t}$ である．

定理 1.86

集合 $S^{-1}A$ は，次の和と積

$$\frac{a}{s}+\frac{b}{t}=\frac{ta+sb}{st},\quad \frac{a}{s}\cdot\frac{b}{t}=\frac{ab}{st}$$

を演算に可換環となる．$0\notin S$ であるので $S^{-1}A$ は零環ではない．環 $S^{-1}A$ を環 A の S による**局所化**[13)]という．

12) これが分数の定義である．

13) 局所化と呼ぶ理由については，定義 3.17 を参照されたい．

次の問題 1.87 と 1.88 はとても重要である．証明は省くが，必ず自分で確かめること．

問題 1.87

定理 1.86 が正しいことを証明せよ．

写像 $f : A \to S^{-1}A, f(a) = \dfrac{a}{1}$ は，環の準同型写像である．f を局所化の自然な写像と呼ぶ．証明を省き問題として残してあるが，次の問題 1.88 は局所化の **Universal Property** と呼ばれていて，非常に重宝なものである．具体的な構成に拠ることなく，与えられた環が何らかの局所化と同型であることを示すためにしばしば用いられる．

問題 1.88

次の主張が正しい．確かめよ．

(1) $\forall s \in S$ について，$f(s) \in (S^{-1}A)^{\times}$ である．

(2) 環 $S^{-1}A$ のいかなる元 x も，$a \in A$ と $s \in S$ を用いて，$x = f(a)f(s)^{-1}$ という形に表すことができる．

(3) $\mathrm{Ker}\, f = \{a \in A \mid$ ある $s \in S$ が存在して $sa = 0\}$ である．

定理 1.89

環の射 $g : A \to B$ が条件 $g(S) \subseteq B^{\times}$ を満たすなら，等式 $g = h \circ f$ を満たす環の準同型写像 $h : S^{-1}A \to B$ がただ一つ定まる．

[証明]　$x \in S^{-1}A$ を取り，$x = \dfrac{a}{s} = \dfrac{a'}{s'}$ と表すと，ある元 $u \in S$ があって等式 $u(sa' - s'a) = 0$ が成り立ち，

$$g(u)[g(s)g(a') - g(s')g(a)] = 0$$

となる．$g(u) \in B^\times$ であるから，$g(s)g(a') = g(s')g(a)$ となり，等式 $g(a)g(s)^{-1} = g(a')g(s')^{-1}$ が得られる．故に，写像 $h : S^{-1}A \to B, h\left(\frac{a}{s}\right) = g(a)g(s)^{-1}$ は well-defined であり，$\forall a \in A$ に対し

$$(hf)(a) = h\left(\frac{a}{1}\right) = g(a)g(1)^{-1} = g(a)$$

が成り立つ．写像 h が環の準同型写像であることは，容易に確かめることができる．写像 h の一意性は明らかであるから，証明を省く．

□

全商環と商体

A は可換環とする．環 A の非零因子全体のなす集合を S とすると，自然な写像 $f : A \to S^{-1}A,\ a \mapsto \dfrac{a}{1}$ は単射である（問題 1.88 (3)）から，埋め込みの原理より，環 Q と環の同型 $g : S^{-1}A \to Q$ の組 (Q, g) で，次の 2 条件を満たすものが存在する．

(a) Q は A を部分環として含む．

(b) $g \circ f = i$ である．

但し，$i : A \to Q$ は埋め込みの写像である．

このとき，次の定理は問題 1.88 から直ちに従う．

定理 1.90

次の主張が正しい．

(1) 環 A の非零因子は全て環 Q の単元である．

(2) いかなる $x \in Q$ も，元 $a \in A$ と環 A の非零因子 $s \in A$ を選んで

$$x = as^{-1} = \frac{a}{s}$$

と表すことができる.

得られた環 Q を環 A の**全商環**と呼び, $\mathrm{Q}(A)$ と書く. A が整域なら $\mathrm{Q}(A)$ は体をなす. 整域 A に対し, 体 $\mathrm{Q}(A)$ を A の**商体**という.

問題 1.91

B は $\mathrm{Q}(A)$ の部分環で, $A \subseteq B$ とする. このとき $\mathrm{Q}(A) = \mathrm{Q}(B)$ であることを示せ.

次の定理は今や明らかである.

定理 1.92

整域は体の部分環である.

整域 $\mathbb{Z}$ の商体 $\mathrm{Q}(\mathbb{Z})$ を $\mathbb{Q}$ と書き, 体 $\mathbb{Q}$ の元を**有理数**と呼んでいるのである.

第 2 章

多項式環について

整式あるいは多項式とは何かを考えよう．高校までの数学では，なんとなくわかった気にさせられてきた多項式とは，本当はどのようなものであるかを確認することが，この章の目的である．

2.1 多項式環と代入原理

以下，単に環といえば，可換環を意味する．

定義 2.1

S は環，A は環 S の部分環，$X \in S$ とする．$a_0, a_1, \ldots, a_n \in A$ $(n \geq 0)$ について，**S 内で等式 $a_0 + a_1X + \cdots + a_nX^n = 0$ が成立するなら必ず $a_i = 0$ $(0 \leq i \leq n)$ が成り立つ**とき，X は A 上**超越的**であるという．X が A 上超越的でないとき，X は A 上**代数的**であるという．

まず，次の定理をじっくり眺めてほしい．

定理 2.2

環 A を与えれば，次の3条件を満たす組 (S, X) が存在する．

(1) S は環で，A は S の部分環である．

(2) $X \in S$ で A 上超越的である．

(3) いかなる $f \in S$ も，元 $a_0, a_1, \ldots, a_n \in A$ $(n \geq 0)$ をうまく選んで，S 内で

$$f = a_0 + a_1X + \cdots + a_nX^n$$

という形に表すことができる．

そして，定理2.2に登場した環 S の元を **A 上 X に関する多項式**という．環 S のことを「**A 上 X を不定元[1]に持つ多項式環**」と

1) もちろん，「変数」と呼ぶことがないわけではない．

呼び，$S = A[X]$ と表す．S の元 f に対し，定理 2.2 (3) 内の f の表現は一意的である（一意性の厳格な定義は，下記の注意 2.4 を参照せよ）．したがって，$f \neq 0$ のとき，定理 2.2 (3) の表現を $a_n \neq 0$ となるよう選べば，整数 $n \geq 0$ が f に対し一意的に定まる．この n を f の次数と呼び，$\deg f$ で表す．

定理 2.2 の証明は後回しにし，多項式環 $A[X]$ の性質を述べることにしたい．ここで読者は，「多項式」という言葉で普通によく知っている「整式」をイメージしながら進んでほしい．

補題 2.3

$A[X]$ は多項式環とする．$0 \neq f, g \in A[X]$ とし，$\deg f = m$, $\deg g = n$ とおき

$$f = a_0 + a_1 X + \cdots + a_m X^m, \quad g = b_0 + b_1 X + \cdots + b_n X^n$$

$(a_i, b_j \in A,\ a_m, b_n \neq 0)$ と表す．このとき，a_m が環 A の非零因子なら

$$fg \neq 0, \quad \deg(fg) = \deg f + \deg g$$

となる．したがって，環 A が整域なら多項式環 $A[X]$ も整域である．

[証明] 積 fg を展開すると，$fg = a_0 b_0 + (a_0 b_1 + a_1 b_0)X + \cdots + (a_m b_n)X^{m+n}$ となる．$a_m b_n \neq 0$ であるから，$fg \neq 0$ であり，等式 $\deg(fg) = m + n$ が従う． □

さて少し言葉の定義をしよう．加法群 M の元の族 $\{a_i\}_{i \in I}$（但

し $I \neq \emptyset$ とする[2)]）が与えられたとき

$$\text{殆ど全ての } \boldsymbol{i \in I} \text{ に対し } \boldsymbol{a_i = 0} \text{ である}$$

とは，$\sharp\{i \in I \mid a_i \neq 0\} < \infty$ であるとき，つまり，有限個の $i \in I$ を除いて $a_i = 0$ であることをいう．このとき，集合 I の次のような空でない有限部分集合 J

$$i \in I \setminus J \text{ なら，} a_i = 0 \text{ である}$$

が存在するので

$$\sum_{i \in I} a_i = \sum_{i \in J} a_i$$

と定め，$\{a_i\}_{i \in I}$ の和と呼ぶ．この定義は集合 J の取り方によらない．$\{b_i\}_{i \in I}$ が M の元の族で，殆ど全ての $i \in I$ に対して $b_i = 0$ なら

$$-\sum_{i \in I} a_i = \sum_{i \in I} (-a_i), \quad \sum_{i \in I} a_i + \sum_{i \in I} b_i = \sum_{i \in I} (a_i + b_i)$$

が成り立つ．

注意 2.4

$I = \{i \in \mathbb{Z} \mid i \geq 0\}$ とおくとき，定理 2.2 の条件 (3) は，任意の $f \in S$ に対し，殆ど全ての $i \in I$ に対し $a_i = 0$ となるような A の元の族 $\{a_i\}_{i \in I}$ が存在して，等式 $f = \displaystyle\sum_{i \in I} a_i X^i$ が成り立つことを意味し，定理 2.2 (2) は，そのような族 $\{a_i\}_{i \in I}$ が f に対しただ一通りに定まるための条件である．

次の定理が多項式と多項式環が持っている最も大切な性質である．

2)　通常考えるのは，I が無限集合の場合である．

定理 2.5 **代入原理**

$A[X]$ は多項式環，$\psi : A \to T$ は環の準同型写像とする．このとき，各 $t \in T$ に対し，環準同型写像 $\varphi : A[X] \to T$ で次の 2 条件を満たすものがただ一つ定まる．

(1) $a \in A$ なら，$\varphi(a) = \psi(a)$ である．

(2) $\varphi(X) = t$ である．

各元 $f \in S$ に対し，$\varphi(f)$ を $f(t)$ と書き，X に t を代入した f の値という．また，φ を代入射と呼ぶ．

[証明] $I = \{i \in \mathbb{Z} \mid i \geq 0\}$ とおき，$f \in A[X]$ を $f = \sum_{i \in I} a_i X^i$ と表す．但し，$\{a_i\}_{i \in I}$ は A の元の族で，殆ど全ての $i \in I$ に対し $a_i = 0$ であるものとする．このような族 $\{a_i\}_{i \in I}$ は，f に対しただ一通りに定まるので，写像 $\varphi : A[X] \to T$ を $\varphi(f) = \sum_{i \in I} \psi(a_i) t^i$ によって定めることができる．$f, g \in A[X]$ に対し，$f = \sum_{i \in I} a_i X^i$，$g = \sum_{i \in I} b_i X^i$ と表せば，$f + g = \sum_{i \in I} (a_i + b_i) X^i$ であるから，等式 $\varphi(f + g) = \sum_{i \in I} \psi(a_i + b_i) t^i = \sum_{i \in I} \psi(a_i) t^i + \sum_{i \in I} \psi(b_i) t^i = \varphi(f) + \varphi(g)$ が得られる．写像 φ の加法性から，$f = aX^i$，$g = bX^j$ として十分であるので，φ が積を保つことが容易に従う．定義により $\varphi(X) = t$ である．また，$a \in A$ なら $\varphi(a) = \psi(a)$ であるから，$\varphi(1) = 1$ である．写像 φ の一意性は明らかである． □

例えば，定理 2.5 から直ちに次のことがわかる．

系 2.6

$A[X]$ と $A[Y]$ が多項式環なら，環の同型写像 $\varphi : A[X] \to A[Y]$ で

$$\varphi(X) = Y \text{ であって } \varphi(a) = a, \ \forall a \in A$$

となるものが一意的に定まる．即ち，多項式環 $A[X]$ は $\boldsymbol{A}$-代数として同型の範囲でただ一つ定まる[3]．

次に示すように，代入原理により多項式は関数を定めるが，多項式は関数そのものではないことに注意しよう．

例 2.7

k を有限体とし，多項式

$$f = \prod_{a \in k}(X - a) \in k[X]$$

を考えると，$\forall a \in k$ について $f(a) = 0$ であるが，$k[X]$ は整域であるから，$k[X]$ 内で $f \neq 0$ である．即ち，f は多項式としては 0 でないが，f が定める集合 k 上の関数は恒等的に 0 である．

この例 2.7 で，k が有限集合であることが使われていることには注意してほしい（系 2.19 参照）．

そろそろ可換環論らしい現象を，数学の問題としてとらえることができるようになる．問題 2.8, 2.9 に挑戦されたい．

問題 2.8

A は可換環，$A[X]$ は多項式環とする．I $(\neq A)$ は A のイデア

3) $\boldsymbol{A}$-代数，$\boldsymbol{A}$-代数としての同型の意味は，2.3 節を参照されたい．

ルとし，$(A/I)[Y]$ によって A/I 上の多項式環を表す．

$$J = \{f \in A[X] \mid f \text{ の係数は全て } I \text{ の元である }\}$$

とおく．次の問いに答えよ．

(1) J は多項式環 $A[X]$ のイデアルであることを証明せよ．

(2) $\varphi : A[X] \to (A/I)[Y]$ によって，環準同型写像で $\varphi(X) = Y$，$\forall a \in A$ に対して $\varphi(a) = \overline{a}$ を満たすものとする．ただし $\overline{a} = a + I$ は a の A/I 内での像を表す．$\mathrm{Ker}\,\varphi = J$ であることを証明せよ．

(3) $A[X]/J \cong (A/I)[Y]$ であることを証明せよ．

問題 2.9

k は体，$A = k[X]$ は多項式環とする．$\varphi : A \to A$ は環の準同型写像で $\forall c \in k$ に対して $\varphi(c) = c$ なるものとし，$f = \varphi(X)$ とおく．次の問いに答えよ．

(1) φ が全射なら φ は単射でもあることを証明せよ．

(2) φ が全射なら $\deg f = 1$ であることを証明せよ．

(3) $a, b \in k$ で，$a \neq 0$ とする．$\psi : A \to A$ は環の準同型写像で次の 2 条件

　(i) $\psi(X) = aX + b$

　(ii) $\forall c \in k$ に対して $\psi(c) = c$

を満たすとする．ψ は全単射であることを証明せよ．

(4) $\mathrm{Aut}_k\,A = \{\alpha \mid \alpha : A \to A$ は環の準同型写像で全単射，$\alpha(c) = c\ \forall c \in k\}$ とおく．集合 $\mathrm{Aut}_k\,A$ は写像の合成を演算に群をなすことを証明せよ．

(5) $G = \{(a, b) \mid a, b \in k,\ a \neq 0\}$ とおく．集合 G は積

$$(a, b) \cdot (c, d) = (ac, bc + d)$$

を演算に群をなすことを証明せよ．

(6) $\mathrm{Aut}_k A \cong G$ であることを証明せよ．

2.2　多項式環を作ろう

さていよいよ，多項式環を構成しよう．$C = \{(a_0, a_1, a_2, \ldots) \mid a_i \in A\}$ とおく．$f, g \in C$ を取り，$f = (a_0, a_1, a_2, \ldots)$, $g = (b_0, b_1, b_2, \ldots)$ とし，次のように C 内の和と積

$$f + g = (a_0 + b_0, a_1 + b_1, \ldots, a_n + b_n, \ldots),$$
$$f \cdot g = \left(a_0 b_0, a_0 b_1 + a_1 b_0, \ldots, \sum_{i+j=n} a_i b_j, \ldots \right).$$

を定めると，C は可換環となる．($0 = (0, 0, \ldots)$, $1 = (1, 0, 0, \ldots)$, $-f = (-a_0, -a_1, \ldots, -a_n, \ldots)$ である．）そこで

$$T = \{f \in C \mid \text{殆ど全ての } i \in I \text{ に対し } a_i = 0\}$$

とおくと，T は環 C の部分環をなす．但し $I = \{i \in \mathbb{Z} \mid i \geq 0\}$ である．写像 $\phi : A \to T$ を $a \mapsto (a, 0, 0, \ldots)$ によって定め，$t = (0, 1, 0, 0, \ldots)$ とおく．すると，任意の $i \in I$ に対し $t^i = (0, \ldots, 0, 1, 0, \ldots)$（1 は第 i 番目にのみ現れる）であり，任意の $f = (a_0, a_1, a_2, \ldots) \in T$ に対し等式 $f = \sum_{i \in I} \phi(a_i) t^i$ が成り立つ．写像 ϕ は環の準同型写像で単射であるから，埋め込みの原理により，A を部分環として含むような環 S と環の同型 $\xi : T \to S$ を求めて，$\xi\phi = i$（$i : A \to S$ は埋め込み）が成り立つようにすることができる．$X = \xi(t)$ とおけば，即ち多項式環 $S = A[X]$ が得られる．

定義 2.10

$n > 0$ は整数とし，$I = \{(\alpha_1, \alpha_2, \ldots, \alpha_n) \mid 0 \leq \alpha_i \in \mathbb{Z}\}$ とおく．与えられた環 A に対し，次の条件を満たす組 $(S, \{X_i\}_{1 \leq i \leq n})$ が存在する．

(1) S は環で，A は S の部分環である．

(2) 任意の $f \in S$ は，殆ど全ての $\alpha \in I$ に対して $a_\alpha = 0$ であるような，A の元の族 $\{a_\alpha\}_{\alpha \in I}$ を用いて

$$f = \sum_{\alpha \in I} a_\alpha X^\alpha$$

という形に表わすことができる．

(3) 各 $f \in S$ に対し (2) の表現は一意的である．

但し，ここで各 $\alpha = (\alpha_1, \alpha_2, \ldots, \alpha_n) \in I$ に対し，我々は

$$X^\alpha = X_1^{\alpha_1} X_2^{\alpha_2} \cdots X_n^{\alpha_n}$$

と定めている．

環 S を，A 上 $X_1, X_2, \ldots, X_n$ を不定元とする**多項式環**と呼び，$S = A[X_1, X_2, \ldots, X_n]$ と書く．

環 $A[X_1, X_2, \ldots, X_n]$ の構成法は

$$A[X_1, X_2, \ldots, X_{n-1}, X_n] = (A[X_1, X_2, \ldots, X_{n-1}])[X_n] \quad (n \geq 2)$$

である．このように帰納的に定義された環 $A[X_1, X_2, \ldots, X_n]$ が，定義 2.10 の条件を満たすことは，もちろん確かめなければならない（読者各自，必ず実行されたい）．

命題 2.11 代入原理

$A[X_1, X_2, \ldots, X_n]$ は環 A 上の多項式環とする．$\psi : A \to T$ は環の準同型写像，$t_1, t_2, \ldots, t_n \in T$ とする．このとき，

$\varphi(X_i) = t_i$ $(1 \le i \le n)$ であって任意の $a \in A$ について $\varphi(a) = \psi(a)$ が成り立つような環準同型写像 $\varphi : A[X_1, X_2, \ldots, X_n] \to T$ がただ一つ定まる.

φ を代入射と呼ぶ. 命題 2.11 の証明は定理 2.5 の証明と同様であるが, n についての帰納法でも証明することができる.

体 k 上の多項式環 $S = k[X_1, X_2, \ldots, X_n]$ $(n \ge 1)$ は整域であるから, その商体 $\mathrm{Q}(S)$ を $k(X_1, X_2, \ldots, X_n)$ と表す. したがって, 任意の $\xi \in k(X_1, X_2, \ldots, X_n)$ は, $f, g \in k[X_1, X_2, \ldots, X_n]$ $(g \neq 0)$ を用いて, $\xi = \dfrac{f}{g}$ $(= f \cdot g^{-1})$ と表すことができる. $k(X_1, X_2, \ldots, X_n)$ を体 k 上 n 変数の**有理関数体**と呼ぶ.

2.3　代数と部分代数

A は環とする. 環 B に対し, 環の準同型写像 $\psi : A \to B$ が一つ指定されているとき, **B は A-代数**であるという. 写像 ψ を A-代数 B の**構造射**といい, ψ_B と書くことがある. B が A-代数であって C が B の部分環のとき, $\psi_B(A) \subseteq C$ なら, 環準同型写像 $\psi_C : A \to C, a \mapsto \psi_B(a)$ によって, 環 C は A-代数となる. このとき, C は B の **A-部分代数**であるという.

A は環, B は A-代数とせよ. $x_1, x_2, \ldots, x_n \in B$ $(n \ge 1)$ を与えると, 多項式環からの代入射

$$\varphi : A[X_1, X_2, \ldots, X_n] \to B, \ \varphi(X_i) = x_i \ (1 \le \forall i \le n)$$

が得られる. 写像 φ は環の準同型写像であるから, 像 $\mathrm{Im}\,\varphi$ は B の部分環である.

$$\begin{aligned}A[x_1, x_2, \ldots, x_n] &= \operatorname{Im}\varphi \\ &= \{f(x_1, x_2, \ldots, x_n) \mid f \in A[X_1, X_2, \ldots, X_n]\}\end{aligned}$$

とおき，環 $A[x_1, x_2, \ldots, x_n]$ を $\boldsymbol{x_1, x_2, \ldots, x_n}$ **で生成された** $\boldsymbol{B}$ **の** $\boldsymbol{A}$**-部分代数**と呼ぶ．多項式環 $A[X_1, X_2, \ldots, X_n]$ のイデアル

$$\operatorname{Ker}\varphi = \{f \in A[X_1, X_2, \ldots, X_n] \mid f(x_1, x_2, \ldots, x_n) = 0\}$$

を，$\boldsymbol{x_1, x_2, \ldots, x_n}$ **の環** $\boldsymbol{A}$ **上の関係式がなすイデアル**，あるいは，A-代数 $A[x_1, x_2, \ldots, x_n]$ の**定義イデアル**と呼ぶ．

部分代数という考え方は，新たに環をつくる上でとても重宝なものである．例えば，$k[t]$ を体 k 上の一変数の多項式環とし $A = k[t^3, t^4, t^5]$ とすると，$k[t]$ の k-部分代数が得られる．環 A は整域であって

$$A = \left\{ \sum_{n\in\mathbb{N}} c_n t^n \;\middle|\; \forall n \in \mathbb{N} \text{ について } c_n \in k,\ n \notin H \text{ なら } c_n = 0 \right\}$$

となっている（読者確かめよ）．ここで，$\mathbb{N}$ は非負整数の全体からなる集合を表し，

$$H = \{3\alpha + 4\beta + 5\gamma \mid \alpha, \beta, \gamma \in \mathbb{N}\}$$

とする．このようにして $k[t]$ の部分環がいくらでも得られ，それらの構造解析は可換環論の興味ある話題となっている．また，$B = \{a + b\sqrt{5} \mid a, b \in \mathbb{Q}\}$ とすると，$B = \mathbb{Q}[\sqrt{5}]$ である．同様に $\mathbb{C} = \mathbb{R}[i]$ である．

少し変わった例の解析をしてみよう．次の例は慣れない読者にはややきついかもしれないが，イデアルとはどのようなものか，イデアルの生成元とはどのようなものか，多項式環とはどのようなものかを感じてもらいたいので，挑戦してほしい．

例 2.12

$A = k[X,Y,Z]$ と $B = k[t]$ をそれぞれ体 k 上の多項式環とし，代入射 $\varphi : A \to B$，$\varphi(X) = t^3$，$\varphi(Y) = t^4$，$\varphi(Z) = t^5$ を考え，$\mathfrak{p} = \operatorname{Ker}\varphi$ とする．このとき，$\mathfrak{p}$ は環 A の素イデアルであって，等式

$$\mathfrak{p} = (X^3 - YZ,\ Y^2 - XZ,\ Z^2 - X^2Y)$$

が成り立つ．即ち，k-代数 $k[t^3, t^4, t^5]$ の定義イデアル $\mathfrak{p}$ は 3 元 $X^3 - YZ, Y^2 - XZ, Z^2 - X^2Y$ で生成される．

[証明]　$A/\mathfrak{p} \cong \varphi(A)$ であるから $\mathfrak{p}$ は環 A の素イデアルである．$I = (X^3 - YZ,\ Y^2 - XZ,\ Z^2 - X^2Y)$ とおく．$\varphi(X^3 - YZ) = \varphi(Y^2 - XZ) = \varphi(Z^2 - X^2Y) = 0$ であるから，$X^3 - YZ, Y^2 - XZ, Z^2 - X^2Y \in \operatorname{Ker}\varphi$ となり，$I \subseteq \mathfrak{p}$ を得る．

$L = \{(\alpha, \beta, \gamma) \in \mathbb{Z}^3 \mid \alpha, \beta, \gamma \geq 0\}$ とおき，整数 $n \in \mathbb{Z}$ に対し

$$I_n = \{(\alpha, \beta, \gamma) \in L \mid 3\alpha + 4\beta + 5\gamma = n\}$$

と定める．すると $L = \displaystyle\bigcup_{n \in \mathbb{Z}} I_n$ であり，各 I_n は高々有限集合であって，$m \neq n$ なら $I_m \cap I_n = \emptyset$ となる．

$n \in \mathbb{Z}$ に対し，$I_n \neq \emptyset$ のときは

$$A_n = \left\{ \sum_{i=(\alpha,\beta,\gamma) \in I_n} c_i X^\alpha Y^\beta Z^\gamma \;\middle|\; c_i \in k \right\}$$

と置き，$I_n = \emptyset$ のときは $A_n = (0)$ と定める（$A_0 = k, A_n = (0)$ ($n < 0$) である）と，$\{A_n\}_{n \in \mathbb{Z}}$ は A の加法部分群の族であって，各 $f \in A$ は $f = \displaystyle\sum_{n \in \mathbb{Z}} f_n$（但し，$f_n \in A_n$ で殆ど全ての $n \in \mathbb{Z}$ について $f_n = 0$ とする）という形に一意的に表すことができる．即ち

$$A = \bigoplus_{n \in \mathbb{Z}} A_n \quad (\text{直和})$$

であって，任意の $m, n \in \mathbb{Z}$ と任意の $f \in A_m, g \in A_n$ に対し，$fg \in A_{m+n}$ が成り立つ．（即ち，A は $\{A_n\}_{n \in \mathbb{Z}}$ によって次数付けされた次数付環である．）

$I_n \neq \emptyset$ と仮定し，元 $h \in A_n$ をとり，$h = \sum_{i=(\alpha,\beta,\gamma) \in I_n} c_i X^\alpha Y^\beta Z^\gamma$ $(c_i \in k)$ と表す．すると，$\varphi(h) = \sum_{i=(\alpha,\beta,\gamma) \in I_n} c_i \cdot (t^3)^\alpha (t^4)^\beta (t^5)^\gamma = \left(\sum_{i \in I_n} c_i \right) t^n$ となり，特に，$\varphi(h) = 0$ であるための必要十分条件は，$\sum_{i \in I_n} c_i = 0$ であることがわかる．$f \in A$ をとり，$f = \sum_{n \in \mathbb{Z}} f_n$ ($f_n \in A_n$ であって，殆ど全ての $n \in \mathbb{Z}$ について $f_n = 0$) と表すと，$\varphi(f) = \sum_{n \in \mathbb{Z}} \varphi(f_n)$ であって，上に述べたように $I_n \neq \emptyset$ なら $\varphi(f_n) = ct^n$ $(c \in k)$ という形をしていて，$I_n = \emptyset$ なら $f_n = 0$ であることより

$$\varphi(\mathbf{f}) = \mathbf{0} \text{ なら，} \forall \mathbf{n} \in \mathbb{Z} \text{ に対し } \varphi(\mathbf{f_n}) = \mathbf{0} \text{ である}$$

ことがわかる．即ち，$\mathfrak{p} \subseteq I$ を示すには，任意の $n \in \mathbb{Z}$ に対し $\mathfrak{p} \cap A_n \subseteq I$ が成り立つことを確かめれば十分である．

そこで，ある $n \in \mathbb{Z}$ に対し $\mathfrak{p} \cap A_n \not\subseteq I$ であったと仮定してみよう．すると $A_n \neq (0)$ であるから，$I_n \neq \emptyset$ であって $n \geq 0$ である．このような整数 $n \in \mathbb{Z}$ を最小に選び，元 $h \in \mathfrak{p} \cap A_n$ を $h \notin I$ となるように取り，$h = \sum_{i=(\alpha,\beta,\gamma) \in I_n} c_i X^\alpha Y^\beta Z^\gamma$ $(c_i \in k)$ と表すと

$$\varphi(h) = \left(\sum_{i \in I_n} c_i \right) t^n$$

であるから，体 k 内に等式

$$\sum_{i\in I_n} c_i = 0$$

が得られる．今 $\mu=(\alpha',\beta',\gamma')\in I_n$ を任意に一つ固定すると

$$\begin{aligned} h &= \sum_{i=(\alpha,\beta,\gamma)\in I_n} c_i X^\alpha Y^\beta Z^\gamma - \left(\sum_{i\in I_n} c_i\right) X^{\alpha'}Y^{\beta'}Z^{\gamma'} \\ &= \sum_{i\in I_n} c_i\left(X^\alpha Y^\beta Z^\gamma - X^{\alpha'}Y^{\beta'}Z^{\gamma'}\right) \notin I \end{aligned}$$

であるから，$g=X^\alpha Y^\beta Z^\gamma - X^{\alpha'}Y^{\beta'}Z^{\gamma'}$ と置くと，$g\notin I$ となる元 $i=(\alpha,\beta,\gamma)\in I_n$ が存在し，$g\in\mathfrak{p}\cap A_n$ ではあるが $g\notin I$ となっているはずである．したがって矛盾を導くには，一般性を失うことなく，$h=X^\alpha Y^\beta Z^\gamma - X^{\alpha'}Y^{\beta'}Z^{\gamma'}\in A_n$ としてよいことがわかる．

このような元 $h = X^\alpha Y^\beta Z^\gamma - X^{\alpha'}Y^{\beta'}Z^{\gamma'}$ については，$\alpha = 0$ であるかまたは $\alpha' = 0$ が成り立つ．実際 $\alpha,\alpha' > 0$ ならば，$h = X\cdot(X^{\alpha-1}Y^\beta Z^\gamma - X^{\alpha'-1}Y^{\beta'}Z^{\gamma'})\in\mathfrak{p}$ であり $\mathfrak{p}$ は素イデアルで $X\notin\mathfrak{p}$ であるから，$h' = X^{\alpha-1}Y^\beta Z^\gamma - X^{\alpha'-1}Y^{\beta'}Z^{\gamma'} \in \mathfrak{p}\cap A_{n-3}$ が従う．$h=Xh'\notin I$ であるから $h'\notin I$ のはずであるが，整数 n の最小性に反する．故に $\alpha = 0$ または $\alpha' = 0$ である．同様に $\beta = 0$ かまたは $\beta'=0$ であり，$\gamma=0$ かまたは $\gamma'=0$ が成り立つ．

さて，もしも $\gamma'\geq 2$ ならば，$Z^2\equiv X^2Y \mod I$ より $X^\alpha Y^\beta Z^\gamma \equiv X^{\alpha'}Y^{\beta'}Z^{\gamma'-2}(X^2Y) \mod \mathfrak{p}$ となる．$X^\alpha Y^\beta Z^\gamma - X^{\alpha'}Y^{\beta'}Z^{\gamma'-2}(X^2Y) \notin I$ であるので，上に述べたように $\alpha = \beta = 0$ が従い，$h = Z^\gamma - X^{\alpha'}Y^{\beta'}Z^{\gamma'}$ となるが，$\gamma'\geq 2$ であるから更に $\gamma=0$ を得る．ところが，$n=5\gamma=3\alpha'+4\beta'+5\gamma'=0$ で $\alpha',\beta',\gamma'\geq 0$ であるから，$h=0$ が従うが，もちろん不可能である．故に $\gamma'\leq 1$ であって，γ と γ' の対称性より，$\gamma,\gamma'\leq 1$ であることがわかり，一般性を失うことなく，$\gamma=\gamma'=0$ であるかまたは $\gamma=1,\gamma'=0$ であると仮定することができる．

$\gamma = \gamma' = 0$ ならば，$h = X^\alpha - Y^{\beta'}$ $(\alpha, \beta' \geq 1)$ の場合に帰着され，$3\alpha = 4\beta'$ が成り立つ．$\alpha = 4\ell$，$\beta' = 3\ell$ $(1 \leq \ell \in \mathbb{Z})$ と表せば，$h = (X^4)^\ell - (Y^3)^\ell$ で $X^4 \equiv X{\cdot}YZ, Y^3 \equiv Y{\cdot}XZ \mod I$ であるから，直ちに $h \in I$ が得られ，$\gamma = \gamma' = 0$ はあり得ないことがわかる．即ち，$\gamma = 1$，$\gamma' = 0$，$h = X^\alpha Y^\beta Z - X^{\alpha'} Y^{\beta'}$ である．このとき，$\alpha > 0$ ならば $\alpha' = 0, \beta' > 0, \beta = 0$ となり，$h = X^\alpha Z - Y^{\beta'}$ が従う．しかしながら，$XZ \equiv Y^2 \mod I$ であるので $X^{\alpha-1}Y^2 \equiv Y^{\beta'} \mod \mathfrak{p}$ となり，Y で割れば整数 n の最小性が壊れる．故に $\alpha = 0$，$h = Y^\beta Z - X^{\alpha'} Y^{\beta'}$ である．

もし $\beta > 0$ なら $\beta' = 0, \alpha' > 0$ であるが，一方で $X^3 \equiv YZ \mod I$ より $X^{\alpha'} \equiv Y^\beta Z \equiv X^3 Y^{\beta-1} \mod \mathfrak{p}$ となり，X で割ることによって整数 n の最小性が壊れる．故に $\beta = 0$ であり，等式 $5 = 3\alpha' + 4\beta'$ が非負整数 $\alpha', \beta' \geq 0$ について成り立つほかないが，不可能である．故に，すべての $n \in \mathbb{Z}$ について $\mathfrak{p} \cap A_n \subseteq I$ であり，等式 $\mathfrak{p} = I$ が従う． □

全く同じ考え方で次を示すことができる．読者，試みられよ．同様の問題は，いくらでも考えることができることに注意してほしい．

問題 2.13

$A = k[X, Y, Z]$ と $B = k[t]$ をそれぞれ体 k 上の多項式環とし，代入射 $\varphi : A \to B$，$X \mapsto t^4$，$Y \mapsto t^5$，$Z \mapsto t^{11}$ を考え，$\mathfrak{p} = \operatorname{Ker} \varphi$ とする．このとき，等式

$$\mathfrak{p} = (X^4 - YZ,\ Y^3 - XZ,\ Z^2 - X^3Y^2)$$

が成り立つ．

問題 2.14

A は環，B は A-代数とする．元 $x_1, x_2, \ldots, x_n \in B$ に対し，環 $A[x_1, x_2, \ldots, x_n]$ は，元 $x_1, x_2, \ldots, x_n$ を含む，B の最小の A-部分代数である．確かめよ．

等式 $B = A[x_1, x_2, \ldots, x_n]$ が成り立つような元 $x_1, x_2, \ldots, x_n \in B$ $(n \geq 1)$ が存在するような A-代数 B は，**A-代数として有限生成**であるという．

問題 2.15

環 A 上の多項式環 $B = A[X_1, X_2, \ldots, X_n]$ $(n \geq 1)$ は，自然に有限生成 A-代数となっている．また，環 B の任意のイデアル I $(I \neq B)$ に対し，環 $C = B/I$ も，自然に有限生成 A-代数となる[4]．確かめよ．

問題 2.16

$\ell > 0$ は整数とし，$H = \{(a,b) \in \mathbb{N}^2 \mid a, b \geq 0, a \geq \ell\} \cup \{(0,0)\}$ とおく．体 k 上の多項式環 $k[X,Y]$ 内で，$R = \sum_{(a,b)\in H} kX^aY^b$ と定めると，R は S の k-部分代数であるが，k-代数として有限生成ではないことを証明せよ．

二つの A-代数 B, C に対して，環準同型写像 $\varphi : B \to C$ は，$\varphi \cdot \psi_B = \psi_C$ が成り立つとき，**A-代数の射**であるという．A-代数 B, C の間に A-代数の射で全単射であるものが少なくとも一つ存在するとき，B, C は **A-代数として同型**であるという．例えば，$\mathbb{C}$

4)　C の構造射は，二つの自然な射 $A \to B \to C$ の合成である．

と $\mathbb{R}[X]/(X^2+1)$ は $\mathbb{R}$-代数として同型であるが[5]，$\mathbb{Q}[\sqrt{2}]$ と $\mathbb{Q}[\sqrt{i}]$ はそもそも環として同型でない．

2.4 体上の一変数の多項式環とその性質

少し硬い話が続きすぎた．身近な一変数の多項式の話をして，頭をほぐそう．以下の議論の目的の一つは，実数体 $\mathbb{R}$ から複素数体 $\mathbb{C}$ を構成する方法（問題 2.24 参照）を述べることである．

体上の一変数多項式環

以下，k は体とし，$A = k[X]$ によって k 上の一変数多項式環を表す．A は体ではない整域であって（補題 2.3 参照），$A^\times = k \setminus \{0\}$ となる．

補題 2.17　Euclid の互除法

$f \in A$ で $f \neq 0$ なら，任意の $g \in A$ に対し，A の元の組 (q, r) で次の条件を満たすものが，ただ一つ定まる．

(1) $g = fq + r$ である．

(2) $r = 0$ か，または $r \neq 0$ であって $\deg r < \deg f$ である．

[証明]　$\deg f = m$ とおく．条件 (1), (2) を満たす組 (q, r) が存在しないような元 $g \in A$ があったと仮定する．$g \neq 0$ であるから，そのような $g \in A$ で次数 $n = \deg g$ (≥ 0) が最小のものを選ぶことがで

5）問題 2.24.

きる．すると $n \geq m$ である．$g = bX^n +$（n より低次の項）($0 \neq b \in k$)，$f = aX^m +$（m より低次の項）($0 \neq a \in k$) と表し，$h = g - \dfrac{b}{a}X^{n-m} \cdot f$ とおくと，$h \neq 0$ であって $\deg h < n$ であるから，次数 $n = \deg g$ の最小性より，元 h に対し条件 (1),(2) を満たす組 (q', r) が存在して，$h = fq' + r$ が成り立つはずである．このとき，$g = f\left(q' + \dfrac{b}{a}X^{n-m}\right) + r$ となり，g に対しても条件 (1), (2) を満たす元の組 $\left(q = q' + \dfrac{b}{a}X^{n-m}, r\right)$ が存在するが，不可能である．

一意性を確かめよう．$g = fq + r = fq' + r'$ と二通りに書けたとする．等式 $f(q - q') = r' - r$ 内で，もし $r' - r \neq 0$ なら，$q - q' \neq 0$ であって

$$\deg f + \deg(q - q') = \deg(r' - r)$$

が成り立つはずである（補題 2.3 参照）が，$\deg(r' - r) < \deg f$ であるから，不可能である．故に $r = r'$ で，$f(q - q') = 0$ となる．A は整域で $f \neq 0$ であるから，$q = q'$ が得られる．□

$f, g \in A$ について，$f \in (g)$ であることを $g \mid f$ と書く．

定理 2.18

次の主張が正しい．

(1) $f \in A$，$\alpha \in k$ とする．α が f の根である，即ち $f(\alpha) = 0$ であるための必要十分条件は，$f \in (X - \alpha)$ である．

(2) $f \in A$ で $f \neq 0$ とすると，$\sharp\{\alpha \in k \mid f(\alpha) = 0\} \leq \deg f$ である．

［証明］ (1) $f = (X - \alpha)q + r$ ($r \in k$)（補題 2.17 参照）と表せば，$f(\alpha) = r$ が得られる．故に $f(\alpha) = 0$ と $f \in (X - \alpha)$ は同値である．

(2) $\alpha \in k$ が f の根ならば，$f = (X - \alpha)q \quad (q \in A)$ と表すことが出来る．$\beta \in k$ が α とは異なる根であれば，$f(\beta) = (\beta - \alpha)q(\beta) = 0$ より，$q(\beta) = 0$ である．故に，$q = (X - \beta)q_1$ $(q_1 \in A)$ と表すことが出来る．$n = \deg f$ とすると，この議論は高々 n 回しか行うことが出来ない．故に，f は高々 n 個しか k 内に根を持たない．□

系 2.19

k が有限体ではないなら，k の元をすべて根に持つ $f \in A$ は，$f = 0$ に限る．

系 2.20

環 $A = k[X]$ のイデアルはすべて単項生成である．

[証明] 環 A のイデアル $I \neq (0)$ を取る．$I = (f)$ $(f \in A)$ を示したい．$I \neq (0)$ としてよい．I の元 $f \neq 0$ を $\deg f$ が最小になるように取る．このとき，任意の $g \in I$ に対し，補題 2.17 より，等式 $g = fq + r$ が成り立つような元 $q, r \in A$ を，$r \neq 0$ なら $\deg r < \deg f$ を満たすように選ぶことができる．もし $r \neq 0$ なら，$r = g - fq \in I$ であって $\deg r < \deg f$ であるから，$\deg f$ の最小性が壊れる．故に $r = 0$ で，$g = fq \in (f)$ である．□

定義 2.21

$f \in A$ とせよ．次の 2 条件を満たすとき，多項式 f は k 内で既約であるという．

(1) $f \notin k$ である．

(2) $g, h \in A$ について，等式 $f = gh$ が成り立つなら，$g \in k$ であるか $h \in k$ である．

定理 2.22

次の主張が正しい．

(1) $f \in A$ が k 内で既約なら，(f) は A の極大イデアルで，環 $A/(f)$ は体をなす．

(2) M が A の極大イデアルなら，$M = (f)$ となる多項式 $f \in A$ をとると，f は必ず k 内で既約である．

[証明]　(1) $I = (f)$ とおく．$f \notin k$ であるから，$I \neq A$ である．J は A のイデアルで $I \subseteq J \subsetneq A$ なるものとする．

$J = (g)$ と表す．$g \notin k$ で $f \in (g)$ であるから $f = gh$ $(h \in k[X])$ と表すと，f は既約なので，$0 \neq h \in k$ となる．故に，$g = fh^{-1} \in I$ となり，$J \subseteq I$ が得られ，等式 $I = J$ が従う．故に I は極大イデアルである．

(2) $f \notin k$ である．$f = gh$　$(g, h \in A, g \notin k)$ と仮定せよ．このとき，$M = (f) \subseteq (g) \subsetneq A$ であるから，イデアル M の極大性より $(f) = (g)$ が従う．$g = f\ell$　$(\ell \in A)$ とすると，$f = gh = f(\ell h)$ より，$\ell h = 1$ となる．故に $h \in k$ であり，多項式 f は k 内で既約である．□

極大イデアルは素イデアルであるので，次が正しい．

系 2.23

$f \in A$ は k 内で既約とする．このとき，$g, h \in A$ について $f \mid gh$ なら，$f \mid g$ または $f \mid h$ が成り立つ．

$k = \mathbb{R}$ のとき $f = X^2 + 1 \in \mathbb{R}[X]$ は $\mathbb{R}$ 内で既約である．実際，$g, h \in \mathbb{R}[X]$ をとり，$X^2 + 1 = gh$，$g, h \notin \mathbb{R}$ とする．すると

$$\deg(X^2+1) = \deg g + \deg h = 2$$

であるから，$\deg g = \deg h = 1$ である．$a, b, c, d \in \mathbb{R}$ $(a, c \neq 0)$ をとり $g = aX + b,\ h = cX + d$ とかくと，$X^2 + 1 = (ac)X^2 + (ad + bc)X + bd$ であるから

$$ac = 1, \quad ad + bc = 0, \quad bd = 1$$

となる．よって，$\dfrac{a}{b} + \dfrac{b}{a} = 0$ が従い，$a^2 + b^2 = 0, a \neq 0, b \neq 0$ が得られるが，これは $\mathbb{R}$ 内では不可能である．故に $f = X^2 + 1$ は $\mathbb{R}$ 内で既約であり，$\mathbb{R}[X]/(X^2+1)$ は体をなす．

次は，複素数体 $\mathbb{C}$ の構成法の一つである．

問題 2.24 **複素数体 $\mathbb{C}$ の構成法**

体 $\mathbb{R}[X]/(X^2+1)$ と体 $\mathbb{C}$ とは，$\mathbb{R}$-代数として同型であることを確かめよ．

複素数体 $\mathbb{C}$ の構成法には，もう一つ，行列環 $\mathrm{M}_2(\mathbb{R})$ の部分環

$$\mathbb{C} \cong \left\{ \begin{pmatrix} x & y \\ -y & x \end{pmatrix} \middle| x, y \in \mathbb{R} \right\} \subseteq \mathrm{M}_2(\mathbb{R})$$

を用いる方法がある．対応は $a + bi \mapsto \begin{pmatrix} a & b \\ -b & a \end{pmatrix}$ $(a, b \in \mathbb{R})$ である．

定理 2.25

$f \in A$ が定数でないならば，k 内で既約な多項式 $p_1, p_2, \ldots, p_n \in A$ $(n \geq 1)$ を選んで $f = p_1 p_2 \cdots p_n$ と表すことができる．この表現は，定数と順序の違いを除いて，f に対し一意的

に定まる.

[証明] 定理のようには表すことが出来ない $f \in A$ が存在したと仮定し，$\deg f$ を最小にとる．すると f は既約ではないので，定数ではない $g, h \in A$ を選んで，$f = gh$ と表すことが出来る．$\deg g < \deg f, \deg h < \deg f$ であるから，$\deg f$ の最小性より，g, h はそれぞれ有限個の既約多項式の積として表すことができ，多項式 f も有限個の既約多項式の積となるが，不可能である．

次に，$f = p_1p_2\cdots p_n = q_1q_2\cdots q_m$ (p_i, q_j は既約多項式) とせよ．$n = 1$ ならば，$p_1 = q_1q_2\cdots q_m$ であって，p_1 は既約であるから，$m = 1$ が従う．$n > 1$ とし，$n-1$ 以下では一意性が正しいと仮定する．すると，$q_1q_2\cdots q_m \in (p_1)$ であるから，系 2.23 より，ある既約多項式 q_i について，$q_i \in (p_1)$，即ち $q_i = c_1p_1 \quad (c_1 \in k)$ が成り立つ．並べ替えて $q_1 = c_1p_1$ と仮定してよい．すると，$p_2p_3\cdots p_n = (c_1q_2)\cdot q_3\cdots q_m$ であるが，c_1q_2 は既約多項式であるから，帰納法の仮定より，$n = m$ と $q_i = c_ip_i \quad (c_i \in k,\ 2 \leq i \leq n)$ とが従う．□

系 2.26

$\operatorname{Max} A = \{M \mid M \text{ は } A \text{ の極大イデアル}\}$ は，有限集合でない.

[証明] $n = \sharp \operatorname{Max} A < \infty$ と仮定し，$\operatorname{Max} A = \{M_1, M_2, \ldots, M_n\}$ とする．各 $1 \leq j \leq n$ に対し，$M_j = (f_j)$ となる既約多項式 $f_j \in A$ をとり，$f = 1 + \prod_{j=1}^{n} f_j$ とおくと，多項式 $f \in A$ は定数ではないので，定理 2.25 により，$f = p_1p_2\cdots p_m \quad (m \geq 1$，各 p_i は既約多項式) の形に因数分解される．$M = (p_1)$ とせよ．故に $f \in M$ である．一方で，M は A の極大イデアルであるから，ある $1 \leq i \leq n$ があって，

$M = M_i$ となる．このとき，$f_i \in M$ であるから，$f, f_i \in M$ が成り立ち，したがって $1 = f - \prod_{j=1}^{n} f_j \in M$ となるが，不可能である．□

即ち，整数環 $\mathbb{Z}$ と多項式環 $k[X]$ は，まるで双子のようによく似た振る舞いをしている．両者を統一的に取り扱う理論が可能ではないか，このような認識が可換環論成立の強い動機の一つである．

体 K が体 k を部分環として含むとき，K は k の**拡大体**である，または K/k は**体の拡大**であるという．例えば，$\mathbb{R}$ は $\mathbb{Q}$ の拡大体であり，$\mathbb{Q}$ は $\mathbb{Q}[\sqrt{2}]$ の部分体である．

複素数体 $\mathbb{C}$ 内では，定数ではないどんな多項式 $f \in \mathbb{C}[X]$ も必ず根を持つことが Gauss によって示され，**代数学の基本定理**としてよく知られているが，Kronecker の次の定理は Gauss の定理を用いているわけではなく，独立の定理である．

定理 2.27 **Kronecker の分解定理**

k は体とすると，定数でない $f \in A$ を与えれば，k の拡大体 K をうまく選んで，f は K 内に少なくとも一つの根を持つようにすることが出来る．

[証明] 定理 2.25 より，f は k 内で既約として十分である．定理 2.22 より $k[X]/(f)$ は体をなす．合成射 $k \xrightarrow{i} k[X] \xrightarrow{\varepsilon} k[X]/(f)$ を通し，体 $k[X]/(f)$ を k-代数とみなす．但し i は埋め込みの写像である．次の図

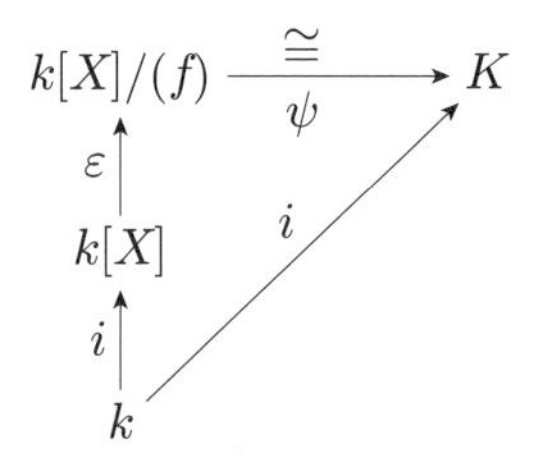

内で，射 $k \xrightarrow{i} k[X] \xrightarrow{\varepsilon} k[X]/(f)$ は単射であるから，埋め込みの原理（定理 1.71）より，k の拡大体 K とこの図を可換にするような環の同型写像 ψ の組 (K, ψ) が得られる．$\alpha = \psi(\overline{X})$ とおくと，$\alpha \in K$ であって，$f(\alpha) = \psi(\overline{f}) = 0$ が成り立つ． □

Kronecker の分解定理を有限回用いると，次が得られる．

系 2.28

k は体とすると，定数でないいかなる $f \in k[X]$ に対しても，k の拡大体 K を選んで，f が K 内で一次式の積に分解するようにすることができる[6]．

次の問題は有限体の構成である．ここまでの知識と技術で何とかなるので楽しんで欲しい．

問題 2.29

$2 \leq p \in \mathbb{Z}$ は素数，$n \geq 1$ は自然数とする．元の個数が p^n の有限体を構成せよ．

6) k を体とすると，k の拡大体 K を選んで，定数でないいかなる $f \in K[X]$ も体 K 内で一次式の積に分解するようにできることが知られている（定義 2.44）．

Eisensteinの既約判定法

与えられた多項式が既約であるかどうかの判定は容易ではない．この小項の目標は次の定理である．

定理 2.30 Eisensteinの既約判定法

$a_0, a_1, \ldots, a_n$ $(n \geq 1)$ と p は整数で，p は素数とし，$\mathbb{Z}$ 内で次の 3 条件 (1) $p \mid a_i$, $0 \leq \forall i \leq n-1$, (2) $p \nmid a_n$, (3) $p^2 \nmid a_0$ が満たされていると仮定する．このとき，多項式 $f = a_0 + a_1 X + \cdots + a_n X^n \in \mathbb{Q}[X]$ は，$\mathbb{Q}$ 内で既約である．

証明には次の二つの補題を必要とする．

補題 2.31

p が素数なら，p が多項式環 $\mathbb{Z}[X]$ 内で生成する単項イデアル $P = \{pf \mid f \in \mathbb{Z}[X]\}$ は，$\mathbb{Z}[X]$ の素イデアルである．

[証明] $k = \mathbb{Z}/(p)$ とし $k[Y]$ は体 k 上の多項式環とする．射 $\mathbb{Z} \xrightarrow{\varepsilon} k \xrightarrow{i} k[Y]$ によって $k[Y]$ を $\mathbb{Z}$-代数とみなす．（但し ε は自然な環準同型写像，i は埋め込み写像を表す．）代入射 $\varphi : \mathbb{Z}[X] \to k[Y], X \mapsto Y$ を見るに，$f = a_0 + a_1 X + \cdots + a_n X^n$ $(a_i \in \mathbb{Z})$ なら

$$\varphi(f) = \overline{a_0} + \overline{a_1} Y + \cdots + \overline{a_n} Y^n$$

$(\overline{a_i} = \varepsilon(a_i))$ であるから，φ が全射で $\operatorname{Ker} \varphi = P$ となることが容易に従う．故に P は素イデアルである． □

補題 2.32

$f \in \mathbb{Z}[X]$, $\varphi, \psi \in \mathbb{Q}[X]$ とし，φ, ψ は定数ではないと仮定する．$f = \varphi\psi$ なら，多項式 $g, h \in \mathbb{Z}[X]$ を選んで，$f = gh$ かつ

$\deg g = \deg \varphi$, $\deg h = \deg \psi$ が成り立つようにすることができる.

[証明]　自然数 a, b を $a\varphi, b\psi \in \mathbb{Z}[X]$ にとり, $c = ab$ とおく. $cf = (a\varphi)(b\psi)$ であり, 等式 $\deg \varphi = \deg a\varphi$, $\deg \psi = \deg b\psi$ が成り立つ. 故に, 自然数 c と多項式 $g, h \in \mathbb{Z}[X]$ が存在して,

$$cf = gh, \quad \deg g = \deg \varphi, \quad \deg h = \deg \psi$$

が成り立つことがわかる. このような $g, h \in \mathbb{Z}[X]$ を選ぶことが出来る自然数 c を最小に選ぶ. このとき, $c \neq 1$ なら $p|c$ となる素数 $p \geq 2$ をとり $P = \{pf \mid f \in \mathbb{Z}[X]\}$ とおくと, 補題 2.31 より P は $\mathbb{Z}[X]$ の素イデアルであって $gh = cf \in P$ であるから, $g \in P$ かまたは $h \in P$ が成り立つ. もし $g \in P$ ならば, $g = pg_1$ $(g_1 \in \mathbb{Z}[X])$ と表すと, $\dfrac{c}{p} \cdot f = g_1 h$ となって, 自然数 c の最小性が壊れる. 故に $c = 1$ である. □

さて, Eisenstein の定理の証明を完成させよう.

[証明]　条件 (1), (2), (3) が満たされるが, 多項式 f が $\mathbb{Q}$ 内で既約でないならば, 補題 2.32 によって, 定数ではない二つの多項式 $g, h \in \mathbb{Z}[X]$ を選んで, $f = gh$ と表すことができる. $\ell = \deg g, m = \deg h$ とおく. 補題 2.31 の証明内の代入射 $\varphi : \mathbb{Z}[X] \to k[Y], X \mapsto Y$ を考え, $\overline{f} = \varphi(f), \overline{g} = \varphi(g), \overline{h} = \varphi(h)$ とおく. g の ℓ 次の項の係数を b_ℓ とし h の m 次の項の係数を c_m とすると, $a_n = b_\ell c_m$ であるから, 条件 (2) より $p \nmid b_\ell, p \nmid c_m$ となり, 等式

$$\deg \overline{g} = \ell > 0, \quad \deg \overline{h} = m > 0$$

が従う. 一方で, $\overline{f} = \overline{g}\overline{h}$ であるから, 条件 (1) より $\overline{g}\overline{h} = \overline{a_n} Y^n$ が

得られる．$Y \in k[Y]$ は既約であるから，素因数分解の一意性（定理 2.25）より $\overline{g} = \overline{b_\ell}Y^\ell, \overline{h} = \overline{c_m}Y^m$ と表すことを得るが，このことは同時に，g, h の定数項がどちらも p の倍数であることを導く．g の定数項と h の定数項の積は f の定数項 a_0 に等しいので，$p^2|a_0$ が従うが，条件 (3) に反する．故に，f は $\mathbb{Q}$ 内で既約である． □

系 2.33

$a, p \in \mathbb{Z}$ とし，p は素数，$\mathbb{Z}$ 内で $p \mid a$ であるがしかし $p^2 \nmid a$ と仮定せよ．このとき，任意の自然数 $n > 0$ に対し，多項式 $X^n - a \in \mathbb{Z}[X]$ は $\mathbb{Q}$ 内で既約である．

問題 2.34

任意の素数 $p \geq 2$ に対し，多項式 $f = X^{p-1} + X^{p-2} + \cdots + X + 1 \in \mathbb{Z}[X]$ は，$\mathbb{Q}$ 内で既約であることを証明せよ．

2.5 体の代数拡大

有名な Galois の理論は体の代数拡大の理論である．この本の目的ではないので詳しく述べることはできないが，勘どころにだけは触れておこう．

以下，k は体とし，$A = k[X]$ は多項式環，K/k は体の拡大とする．すると，K 内の積を用いて，K を k 上のベクトル空間と見ることができる．このとき，k 上のベクトル空間としての K の次元を $[K : k]$ で表し，体拡大 K/k の拡大次数という．$L/K, K/k$ を体の拡大とすると，

$$[L : k] = [L : K][K : k]$$

が成り立つ.

$\alpha \in K$ とする. 埋め込み写像 $i : k \to K$ によって体 K を k-代数とみなし, 代入射 $\varphi : A = k[X] \to K, \varphi(X) = \alpha$ を考え, $P = \operatorname{Ker}\varphi$ とおく. $\varphi(A)$ は K の部分環で

$$A/P \cong \varphi(A) = k[\alpha]$$

であるから, A/P は整域である. 故に, P は環 A の素イデアルである. 元 $\alpha \in K$ が k 上で代数的であることと, $P \neq (0)$ であることは同値である.

さて, $\alpha \in K$ は k 上代数的であると仮定しよう.

$$n = \min\{\deg f \mid 0 \neq f \in P\}$$

とおき, 多項式 $0 \neq f \in P$ を $n = \deg f$ となるよう選び, かつ f の n 次の項 X^n の係数が 1 であるようにすることができる. 即ち,

$$f = X^n + (\text{低次の項})$$

である. このとき次が正しい.

補題 2.35

$P = (f)$ であって, f は k 内で既約である.

[証明] $g \in P$ を取り, $g = fq + r$ $(q, r \in A,\ r \neq 0$ なら $\deg r < n)$ と表すと, $g(\alpha) = f(\alpha)q(\alpha) + r(\alpha)$ より, $r(\alpha) = 0$ となり, $r \in P$ が得られる. 次数 $n = \deg f$ の最小性より $r = 0$ が従い, $g \in (f)$, 故に $P = (f)$ である. $f = gh$ $(bg, h \in A)$ で g, h が定数でないなら, $\deg g < \deg f, \deg h < \deg f$ であるが, $f(\alpha) = g(\alpha)h(\alpha) = 0$ であるから, $g(\alpha) = 0$ または $h(\alpha) = 0$ が従い, $\deg f$ の最小性が壊れる. 故に, f は k 内で既約である. □

このような $0 \neq f \in P$ は，k 上代数的な元 $\alpha \in K$ に対し，一意的に定まる．実際 $0 \neq g \in P$ が f と同じく，$n = \deg g$ であって n 次の項 X^n の係数が 1 ならば，補題 2.35 より，$P = (f) = (g)$ が得られる．故に $g = fh$ $(h \in A)$ と表すことができるが，$\deg f = \deg g$ であって，どちらもその n 次の項 X^n の係数が 1 であるから，$h = 1$，即ち $f = g$ が従う．

定義 2.36

この多項式 $f \in k[X]$ を元 $\alpha \in K$ の k 上の**最小多項式**という．

以上の考察により，次の定理の (1), (2) が得られる．

定理 2.37

K/k は体の拡大とし，$\alpha \in K$ とせよ．α は k 上代数的であると仮定し，α の k 上の最小多項式を f とする．このとき次の主張が正しい．

(1) f は k 内で既約である．

(2) $k[\alpha]$ は K の部分体であって，k-代数として $k[X]/(f) \cong k[\alpha]$ である．

(3) $[k[\alpha] : k] = \deg f$ である．

(4) $\beta \in K$ は k 上代数的と仮定し，$g \in k[X]$ を β の k 上の最小多項式とする．このとき，次の条件は同値である．

  (a) k-代数の同型 $\varphi : k[\alpha] \to k[\beta]$ であって，$\varphi(\alpha) = \beta$ を満たすものが存在する．

  (b) $f = g$ である．

(3) の証明を述べよう．

[証明]　(3) $n = \deg f$ とおく．$n > 0$ である．$g \in A$ をとり，$g = fq + r$ $(q, r \in A, r \neq 0$ なら $\deg r < n)$ と表すと，$g(\alpha) = r(\alpha)$ である．故に

$$k[\alpha] = \{r(\alpha) \mid r \in A,\ r \neq 0 \text{ なら } \deg r < n\}$$

が得られ，$1, \alpha, \ldots, \alpha^{n-1}$ が，k-ベクトル空間 $k[\alpha]$ を張ることが分かる．一方，$n = \deg f$ の最小性から直ちに，元 $1, \alpha, \ldots, \alpha^{n-1}$ が k 上で一次独立であることが従う．故に，$1, \alpha, \ldots, \alpha^{n-1}$ は，k 上のベクトル空間 $k[\alpha]$ の基底をなす．したがって $[k[\alpha] : k] = n$ である．□

系 2.38

$\alpha \in K$ とする．$k[\alpha]$ が体をなすための必要十分条件は，α が k 上代数的であることである．

$\alpha_1, \alpha_2, \ldots, \alpha_n \in K \quad (n \geq 1)$ に対し，部分環 $k[\alpha_1, \alpha_2, \ldots, \alpha_n]$ の商体を K 内で考え，これを $k(\alpha_1, \alpha_2, \ldots, \alpha_n)$ と表す．$k(\alpha_1, \alpha_2, \ldots, \alpha_n)$ は体 K の部分体である．$n \geq 2$ なら

$$k[\alpha_1, \alpha_2, \ldots, \alpha_n] = [k[\alpha_1, \alpha_2, \ldots, \alpha_{n-1}]][\alpha_n],\ k(\alpha_1, \alpha_2, \ldots, \alpha_n) = [k(\alpha_1, \alpha_2, \ldots, \alpha_{n-1})](\alpha_n)$$

が成り立つ．

定義 2.39

K/k は体拡大とする．どんな $\alpha \in K$ も k 上代数的であるとき，**体拡大 $\boldsymbol{K/k}$ は代数的**であるという．

補題 2.40

K/k は体拡大とする．$[K : k] < \infty$ なら，K/k は代数的で

ある．

[証明] $n = [K : k]$ とおくと，いかなる元 $\alpha \in K$ についても，$n+1$ 個の元 $\{\alpha^i\}_{0 \le i \le n}$ は k 上で一次独立になることはない．したがって α は k 上代数的である． □

たくさん元があっても同じである．すなわち，次が正しい．

系 2.41

$\alpha_1, \alpha_2, \ldots, \alpha_n \in K$ とせよ．元 α_i がすべて k 上代数的なら，環 $k[\alpha_1, \alpha_2, \ldots, \alpha_n]$ は体をなし，$\bigl[k[\alpha_1, \alpha_2, \ldots, \alpha_n] : k\bigr] < \infty$ である．したがって，$k(\alpha_1, \alpha_2, \ldots, \alpha_n) = k[\alpha_1, \alpha_2, \ldots, \alpha_n]$ であり，体拡大 $k(\alpha_1, \alpha_2, \ldots, \alpha_n)/k$ は代数的となる．

さて，少し具体的な問題を考えてみよう．

問題 2.42

$f = X^3 - 2 \in \mathbb{Q}[X]$ は $\mathbb{Q}$ で既約である（系 2.33）．f は $\mathbb{C}$ 内で一次式の積 $f = (X - \alpha)(X - \beta)(X - \gamma)$ に分解する．実際，$\alpha = \sqrt[3]{2}$，$\omega = \dfrac{-1 \pm i\sqrt{3}}{2}$ とおき，$\beta = \alpha\omega$, $\gamma = \alpha\omega^2$ とすればよい．このとき $F = \mathbb{Q}(\alpha, \beta, \gamma)$ は $\mathbb{C}$ の部分体をなし，$F = \mathbb{Q}(\alpha, \omega)$，$[F : \mathbb{Q}] = 6$ が成り立つ．

[証明] $\alpha, \beta = \alpha\omega, \gamma = \alpha\omega^2 \in F$ より $\alpha, \omega \in F$ である．故に $F = \mathbb{Q}(\alpha, \omega)$ となる．α, ω は $\mathbb{Q}$ 上で代数的で，$F = \mathbb{Q}(\alpha, \omega)$ は $\mathbb{C}$ の部分体をなす．$\omega^2 + \omega + 1 = 0$ であるから，ω は $\mathbb{Q}(\alpha)$ 上でも代数的である．$\mathbb{Q}(\alpha) \subseteq \mathbb{R}$ であるから，$\omega \notin \mathbb{Q}(\alpha)$ となり，故に $\bigl[F : \mathbb{Q}(\alpha)\bigr] = 2$ を得る．$\bigl[\mathbb{Q}(\alpha) : \mathbb{Q}\bigr] = 3$ であることが上と同様にして示され，

$[F:\mathbb{Q}] = [F:\mathbb{Q}(\alpha)]\cdot[\mathbb{Q}(\alpha):\mathbb{Q}] = 6$ が従う．すべての $\theta \in F$ は $\mathbb{Q}$ 上代数的で，その最小多項式を f とし $\deg f = n$ とおくと，$n = [\mathbb{Q}(\theta):\mathbb{Q}]$ であって $[F:\mathbb{Q}(\theta)]\cdot[\mathbb{Q}(\theta):\mathbb{Q}] = [F:\mathbb{Q}] = 6$ であるから，$n \mid 6$ となり，$n = 1, 2, 3, 6$ であることが分かる．

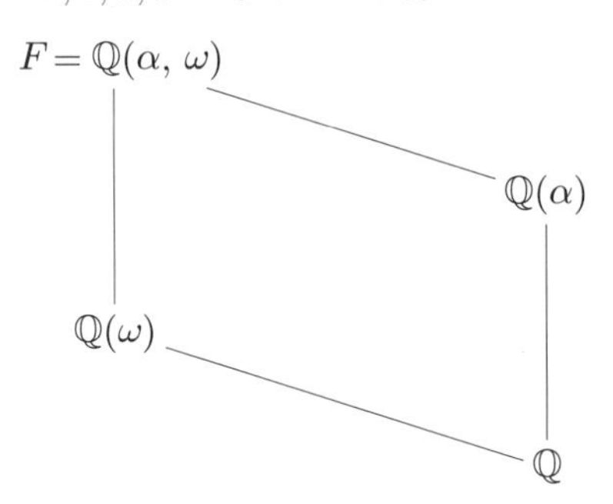

□

定理 2.43

$L/K, K/k$ を体の拡大とする．L/k が代数的であるための必要十分条件は，L/K, K/k が代数的であることである．

[証明] L/K, K/k は代数的と仮定し，$\alpha \in L$ とし $f = c_0 + c_1X + \cdots + c_nX^n$ を α の K 上の最小多項式とすると，体拡大 K/k は代数的であるから，$E = k[c_0, c_1, \ldots, c_n]$ は体をなし，α は E 上でも代数的である．故に $E[\alpha]$ は体をなし，$\bigl[E(\alpha):E\bigr] < \infty$ が従う．一方で，$[E:k] < \infty$ であるから $\bigl[E(\alpha):k\bigr] = [E(\alpha):E][E:k] < \infty$ となり，α は 体 k 上で代数的であることが従う．　□

定義 2.44

k は体とする．k が代数閉体であるとは，k が自明でない代数拡大を持たないこと，即ち，K/k が体の代数拡大なら $K = k$ が成り立つことをいう．

補題 2.45

体 k について，次の 3 条件は同値である．

(1) k は代数閉体である．

(2) $f \in k[X]$ が定数でないならば，f は k 内で一次式の積に分解する．

(3) $f \in k[X]$ が定数でないならば，f は k 内に少なくとも一つの根をもつ．

[証明] (1) $\Rightarrow$ (3): 定数ではない $f \in k[X]$ を取ると，定理 2.27 より，体拡大 K/k と $\alpha \in K$ を見つけて，$f(\alpha) = 0$ が成り立つようにすることができる．このとき，体拡大 $k[\alpha]/k$ は代数的であるので，等式 $k(\alpha) = k$ が成り立ち，$\alpha \in k$ が得られる．

(3) $\Rightarrow$ (2): 明らかである．

(2) $\Rightarrow$ (1): K/k を体の代数拡大とし $\alpha \in K$ とすると，α の k 上の最小多項式は既約であるから，仮定 (2) より $\deg f = 1$ が従い，$\alpha \in k$ が得られる． □

例 2.46 **代数学の基本定理**

$\mathbb{C}$ は代数閉体である．

系 2.47

代数閉体は有限体でない．

[証明] k を有限体とし，多項式 $f = 1 + \prod_{\alpha \in k}(X - \alpha) \in k[X]$ はいかなる $\alpha \in k$ も根に持たない． □

2.6　一意分解整域

素元と既約元

A は整域とする．$a, b \in A$ のとき，$a \mid b$ によって $b \in (a)$，即ち，ある $x \in A$ に対し等式 $b = ax$ が成り立つことを表す．

定義 2.48

$a \in A$ は，$a \neq 0$ であってかつ $(a) \in \operatorname{Spec} A$ であるとき，A の**素元**であるという．

定義 2.49

$a \in A$ とする．次の2条件を満たすとき，a は A 内で**既約**であるという．

(1) a は 0 でも単元でもない．

(2) $b, c \in A$ で $a = bc$ なら，b が A の単元であるかまたは c が A の単元であるか，どちらかが成り立つ．

補題 2.50

素元は既約元である．

［証明］　$a \in A$ を素元とする．$a = bc$ とすると，$bc \in (a)$ であるから $b \in (a)$ であるかまたは $c \in (a)$ が成り立つ．$b \in (a)$ とし，$b = da$ $(d \in A)$ と表す．$a = bc$ に代入すれば，$a = (dc)a$ となる．A は整域であるから，$dc = 1$ となり，c が A の単元であることが従う．　□

命題 2.51

$p_1, p_2, \ldots, p_n$ と $q_1, q_2, \ldots, q_m$ は A の素元とする．等式 $p_1 p_2 \cdots p_n = q_1 q_2 \cdots q_m$ が成り立つなら，$n = m$ であって，適当な並び替えの後に，全ての $1 \leq i \leq n$ についてイデアルの等式 $(p_i) = (q_i)$ が成り立つ．

[証明] $n = 1$ のときは，$p_1 = q_1 q_2 \cdots q_m$ となるが，p_1 は既約であるから，$m = 1$，$p_1 = q_1$ である．$n > 1$ で $n - 1$ まで正しいとする．$m > 1$ である．$q_1 \cdots q_m \in (p_1)$ より $q_1 \in (p_1)$ としてよい．q_1 は既約であるから，適当な単元 $\varepsilon \in A$ を求めて $q_1 = \varepsilon_1 p_1$ と表すことができる．故に，$(p_1) = (q_1)$ であって，$p_2 \cdots p_n = \varepsilon_1 q_2 \cdots q_m$ となるので，n に関する帰納法より定理が従う． □

Euclid 整域・単項イデアル整域と一意分解整域

整数環 $\mathbb{Z}$ と多項式環 $k[X]$ を統一的に取り扱う理論を述べよう．

定義 2.52

環 A の 0 でも単元でもないどんな元 a も素元分解を持つとき，即ち，A の素元 $p_1, p_2, \ldots, p_n$ $(n \geq 1)$ を用いて，

$$a = p_1 p_2 \cdots p_n$$

と表すことができるとき，環 A は**一意分解整域** (UFD, Unique Factorization Domain) であるという．

補題 2.53

A は一意分解整域とする．$a \in A$ が既約なら a は素元である．

全てのイデアルが単項のとき，A は**単項イデアル整域** (PID, Principal Ideal Domain) であるという．$\mathbb{Z}$ と体上の多項式環 $k[X]$ は単項イデアル整域で，典型的な一意分解整域である．$\mathbb{Z}$ が一意分解整域であることの証明（系 1.63 参照）をそのままそっくり用いて，下記の定理が証明される．

定理 2.54

単項イデアル整域は一意分解整域である．

定義 2.55

$A^* = A \setminus \{0\}$ とする．次の 2 条件を満たす写像 $\varphi : A^* \to \mathbb{Z}$ が存在するとき，A は **Euclid 整域**であるという．

(1) いかなる $a \in A^*$ に対しても，$\varphi(a) \geq 0$ である．

(2) 与えられた $a, b \in A$ $(a \neq 0)$ に対し，等式 $b = aq + r$ を満たす $q, r \in A$ が存在し，$r \neq 0$ ならば $\varphi(r) < \varphi(a)$ となっている．

例 2.56

(1) 整数環 $\mathbb{Z}$ は写像 $\varphi : \mathbb{Z} \setminus \{0\} \to \mathbb{Z}$, $\varphi(a) = |a|$ によって Euclid 整域となる（補題 1.55 参照）．

(2) 体 k 上の多項式環 $A = k[X]$ は写像 $\varphi : A \setminus \{0\} \to \mathbb{Z}$, $\varphi(f) = \deg f$ によって Euclid 整域となる（補題 2.17 参照）．

(3) $\mathbb{C}$ の部分環 $\mathbb{Z}[i] = \{a + b\,i \mid a, b \in \mathbb{Z}\}$ は Euclid 整域である．

[証明]　(3) $A = \mathbb{Z}[i]$ とおく．$\alpha = a + bi \in A$ $(a, b \in \mathbb{Z})$ に対し

$$\varphi(\alpha) = |\alpha|^2 = |\sqrt{a^2 + b^2}|^2 = a^2 + b^2$$

と定める．この $\varphi : A \setminus \{0\} \to \mathbb{Z}$ が求める写像である．$\alpha, \beta \in A$ $(\alpha \neq$

0) とせよ．$\mathbb{Z}[i]$ を複素平面上の格子点（座標が整数であるような点）と同一視すれば，点 $\dfrac{\beta}{\alpha}$ に対し，$\left|\dfrac{\beta}{\alpha} - \gamma\right| < 1$ となるような $\gamma \in \mathbb{Z}[i]$ を選ぶことができる．$\delta = \dfrac{\beta}{\alpha} - \gamma$ とおけば，$\beta = \alpha\gamma + \alpha\delta$ であって $\varphi(\alpha\delta) < \varphi(\alpha)$ となる． □

定理 2.57

Euclid 整域は単項イデアル整域で，したがって一意分解整域である．

[証明] 環 A のイデアル $I \neq (0)$ を取る．$I = (a)$ $(a \in A)$ を示したい．$I \neq (0)$ としてよい．I の元 $a \neq 0$ を $\varphi(a)$ が最小になるように取る．$b \in I$ とせよ．A は Euclid 整域であるから，等式 $b = aq + r$ が成り立つような元 $q, r \in A$ を，$r \neq 0$ ならば $\varphi(r) < \varphi(a)$ となるように取ることができる．このとき，もしも $r \neq 0$ なら，$r = b - aq \in I$ であって $\varphi(r) < \varphi(a)$ であるから，$\varphi(a)$ の最小性が壊れる．故に，$r = 0$ で，$b = aq \in (a)$ である．即ち $I = (a)$ となる． □

一意分解整域上の多項式環

一意分解整域上の多項式環は一意分解整域である．$\mathbb{Z}$ は一意分解整域であるので，このことから高校までに学んだ整式の因数分解の一意性[7]が出てくるのであるが，先走らないで地道に始めよう．

A は一意分解整域とする．$K = \mathrm{Q}(A)$ を A の商体，$A[X] \subseteq K[X]$ は多項式環とする．

補題 2.31 と全く同様にして，次が得られる．

7) 系 2.63 参照.

補題 2.58

$p \in A$ が A の素元なら，p は多項式環 $A[X]$ 内でも素元である．

補題 2.59

$a_1, a_2, \ldots, a_n \in A$ $(n \geq 1)$ を与えれば，次の2条件を満たす $d \in A$ が存在する．

(1) $1 \leq \forall i \leq n$ に対し $d \mid a_i$ である．

(2) $d' \in A$ が $1 \leq \forall i \leq n$ に対し $d' \mid a_i$ なら，$d' \mid d$ である．

このような元 d は，単元の違いを除いて，$a_1, a_2, \ldots, a_n$ に対し一意的に定まる．d を $a_1, a_2, \ldots, a_n$ の**最大公約元**と呼び，$d = \mathrm{GCD}(a_1, a_2, \ldots, a_n)$ と書く．

定義 2.60

多項式 $f \in A[X]$ $(f \neq 0)$ が**原始的**であるとは，$f = a_0 + a_1X + \cdots + a_nX^n$ と表したときに，$\mathrm{GCD}(a_0, a_1, \ldots, a_n) = 1$ が成り立つことをいう．

$0 \neq f \in A[X]$ なら，多項式 f の係数の最大公約元を c とすると，$g = \dfrac{f}{c} \in A[X]$ は原始的である．

命題 2.61　**Gauss の補題**

$f, g \in A[X]$ とする．次の主張が正しい．

(1) f と g が原始的なら，積 fg も原始的である．

(2) f は原始的と仮定する．$K[X]$ 内で $f \mid g$ なら，$A[X]$ 内でも $f \mid g$ である．故に，原始多項式 $f \in A[X]$ が K 内で既約

なら，f は $A[X]$ の素元である．

[証明] (1) fg が原始的でないなら，環 A の素元 p を取って，fg の全ての係数を A 内で割るようできる．故に $fg \in pA[X]$ であるが，$pA[X]$ は素イデアルであるから，$f \in pA[X]$ であるかまたは $g \in pA[X]$ が成り立つ．これは f と g が原始的であることに反する．

(2) $g \neq 0$ として十分である．多項式環 $K[X]$ 内で等式 $g = \varphi f$ を満たす元 $\varphi \in K[X]$ を取る．多項式 φ の係数の共通分母 $0 \neq d \in A$ を取り，$d\varphi = ch$ $(0 \neq c \in A,\ h \in A[X]$ で原始的$)$ と表すと，$dg = d(\varphi f) = c(fh)$ となる．一方で，$g = e\ell$ $(0 \neq e \in A,\ \ell \in A[X]$ は原始的$)$ と表すと，(1) に示したように積 fh は原始的であるから，等式 $c(fh) = dg = (de)\ell$ より，$c = de\varepsilon$ を満たす環 A の単元 ε が存在することがわかる．故に，$dg = de\varepsilon(fh)$ が成り立ち，$g = e\varepsilon(fh)$, 即ち $f \mid g$ が $A[X]$ 内で成り立つ． □

定理 2.62

A が一意分解整域なら，多項式環 $A[X]$ も一意分解整域である．

[証明] 原始多項式が素元分解されることを示せば十分である．定数でない原始多項式 $f \in A[X]$ を取り，$f = \varphi_1\varphi_2\cdots\varphi_\ell$ を多項式環 $K[X]$ 内での素元分解とする．各 φ_i に対し，$0 \neq d_i \in A$ を φ_i の係数の共通分母に取り，$d_i\varphi_i = c_ig_i$ $(c_i \in A,\ g_i \in A[X]$ で原始的$)$ と表す．$g_iK[X] = \varphi_iK[X]$ であるから命題 2.61 により，g_i は環 $A[X]$ の素元である．$d = \prod_{i=1}^{\ell} d_i$，$c = \prod_{i=1}^{\ell} c_i$，$g = \prod_{i=1}^{\ell} g_i$ とおく．すると，$df = cg$ であって，g は原始的なので，環 A の単元 ε をとって，$c = \varepsilon d$ と表すことができる．$f = \varepsilon g$ であって，各 g_i は環 $A[X]$ の素

元であるから，f は環 $A[X]$ 内でも素元分解を持つ．故に，多項式環 $A[X]$ は一意分解整域である． □

系 2.63

多項式環 $\mathbb{Z}[X_1, X_2, \ldots, X_n]$ や体 k 上の多項式環 $k[X_1, X_2, \ldots, X_n]$ は，一意分解整域である．

問題 2.64　Eisenstein の既約判定法

A は一意分解整域とし，K をその商体とする．A に係数を持つ多項式

$$f = X^n + a_{n-1}X^{n-1} + \cdots + a_0 \quad (n > 0)$$

に対し，素元 $p \in A$ が次の条件を満たすように取れるなら，多項式 f は K 内で既約であることを証明せよ．

すべての $0 \leq i \leq n-1$ について $p \mid a_i$ であるが，$p^2 \nmid a_0$ である．

第3章

Noether 環とその構造について

M. B. W. Tent, "Emmy Noether, the Mother of Modern Algebra" (AK Peters, 2008) は Noether の伝記である．この興味深い本の中に，Noether が優れた数学者であったことと同時に，優れた助言者であったことが述べられている．学生 (Noether's boys) たちがボディーガードのように絶えず彼女を取り巻き，数学に限らず様々なことを議論しあっていたと述べられている．Noether の講義は小さいチョークを持って早口で彼女の数学を語るといった風であって，才能ある優れた学生たちに深い感銘を与えたと述べられている．古き良き時代というのはこういうことなのかもしれないという感想を持った．一読をお薦めする次第である．

この章の議論は E. Noether (1882-1935) が始めた抽象化に基づいている．Noether は優れた数学者であったが，物理学でも大きな足跡を残しているらしい．A. Einstein は Noether を評して「物理学の発展に最も大きな影響を与えた数学者」と述べたそうであるから，相当に偉大な人であったと思われる．そういう彼女がノーベル賞を貰えなかったのは，「当時も（今も）科学がもっぱら男性の領域であったから」という文章を読んだことがある[1]．日本では今日でも女性の数学者が極端に少ない．欧米や例えばベトナムでは，可換環論の研究集会に出席すると，参加者の半数は女性であって非常に華やかである．大学の数学科でも学生たちの半数は女性であると想像される．対照的に日本では，可換環論の研究集会で 50 人の参加者のうち女性は数名であり，大学のクラスでも 15% くらいしか女性がいない．不思議に感じることが多いのであるが，能力的に女性が数学に向かないなどと考えるとしたら，そういう迷信は事実に反しているだけではなく，日本でしか一般的でないことは確実である．日本には他にもよくわからないことがあるのかもしれないが，女性の数学者が極端に少ないことは理解できないことの最たるものの一つであって，社会のどこかに問題があるのではないかとまで感じている．

さて，勘どころの本論に入ろう．以下，A は可換環とする．

1）Len Fisher, "*Weighing the Soul*", Weidenfeld & Nicolson, 2004.

3.1 Noether 環のイデアル

イデアルの演算と生成系

$\mathcal{F}$ によって A のイデアル全体のなす集合を表す．$I, J \in \mathcal{F}$ に対し

$$I + J = \{a + b \mid a \in I, b \in J\},$$

$$IJ = \left\{ \sum_{i=1}^{n} a_i b_i \;\middle|\; n > 0, 1 \leq \forall i \leq n \text{ について } a_i \in I, b_i \in J \right\},$$

$$I \cap J = \{a \in A \mid a \in I \text{ かつ } a \in J\},$$

$$I : J = \{a \in A \mid \text{すべての } x \in J \text{ に対し } ax \in I\}$$

と定め，それぞれ I と J の和，積，共通部分，商という．イデアルの和，積，共通部分，商は，イデアルである．

問題 3.1

$I, J, K \in \mathcal{F}$ とするとき，次の主張が正しい．確かめよ．

(1) $I \cup J \subseteq I + J$，$IJ \subseteq I \cap J$，$I \subseteq I : J$ である．

(2) $J \subseteq I$ なら $I + J = I$ である．

(3) $I + J = J + I$, $IJ = JI$ である．

(4) $I + (J + K) = (I + J) + K$, $I(JK) = (IJ)K$ である．

(5) $(0) + I = I + (0) = I$，$AI = IA = I$ である．

(6) $I(J + K) = IJ + IK$，$(I + J)K = IK + JK$ である．

$(\mathcal{F}, +)$ と $(\mathcal{F}, \cdot)$ は，それぞれ (0), A を単位元に持つ可換半群である．したがって，$\mathcal{F}$ 内では有限和 $\sum_{i=1}^{n} I_i$ と有限積 $\prod_{i=1}^{n} I_i$ が定義される．もちろん，イデアルに対しても冪

$$I^0 = A,\ I^n = I^{n-1}I \quad (n \geq 1)$$

が定義され，指数法則

$$I^m I^n = I^{m+n},\ (I^m)^n = I^{mn},\ (IJ)^n = I^n J^n \quad (m, n \geq 0)$$

と等式

$$(I+J)^n = \sum_{i+j=n} I^i J^j \quad (n \geq 0)$$

が成り立つ．ここで $I, J \in \mathcal{F}$ である．

問題 3.2

次の主張が正しいことを確かめよ．

(1) $a \in A$，J は A のイデアルとし，$aJ = \{aj \mid j \in J\}$ とおくと，$(a)J = aJ$ である．

(2) $a_1, a_2, \ldots, a_n \in A$ をとり，$I = (a_1, a_2, \ldots, a_n)$ とすると，$IJ = \sum_{i=1}^{n} a_i J$ である．

命題 3.3　Modular Law

I, J, K は A のイデアルとする．このとき，$J \subseteq I$ なら，等式

$$I \cap (J+K) = J + (I \cap K)$$

が成り立つ．

[証明]　$i \in I \cap (J+K)$ をとって $i = j+k$ $(j \in J, k \in K)$ と表せば，$J \subseteq I$ であるから，$k = i-j \in I \cap K$ となり，$i = j+k \in J+(I \cap K)$ が成り立つ．故に，$I \cap (J+K) \subseteq J+(I \cap K)$ である． □

A の部分集合 S に対し，$S \neq \emptyset$ なら

$$(S) = \left\{ \sum_{i=1}^{n} a_i s_i \;\middle|\; n > 0,\ \text{各 } 1 \le i \le n \text{ に対し } a_i \in A, s_i \in S \right\}$$

とし，$S = \emptyset$ に対しては $(\emptyset) = \{0\}$ と定め，これを集合 S で生成された A のイデアルという．(S) は S を含む最小のイデアルであるから，この表記法に従うと，$I, J \in \mathcal{F}$ のとき，等式

$$IJ = (ab \mid a \in I,\ b \in J),$$

$$I^n = \left(\prod_{i=1}^{n} a_i \;\middle|\; \text{各 } 1 \le i \le n \text{ について } a_i \in I \right) \quad (n \ge 1)$$

が成り立つ．

$S \subseteq A$ なら，$I : (S) = \{a \in A \mid as \in I, \forall s \in S\}$ である．$I : (S)$ は $I : S$ と書くことが多い．特に $I : (x)$ は単に $I : x$ と書くのが普通である．

与えられたイデアル I に対し，等式 $I = (S)$ が成り立つような集合 $S \subseteq I$ を，I の生成系という．I が有限集合 S を生成系として含むとき，I は有限生成であると言い，一元で生成されたイデアルを単項イデアルと呼ぶ．

空でない集合 I を添字に持つ A のイデアルの族 $\{I_i\}_{i \in I}$ に対し

$$\sum_{i \in I} I_i = \left\{ \sum_{i \in I} a_i \;\middle|\; \forall i \in I \text{ に対し } a_i \in I_i, \right.$$
$$\left. \text{殆ど全ての } i \in I \text{ に対し } a_i = 0 \right\}$$

と定め[2]，$\{I_i\}_{i \in I}$ の和という．和 $\displaystyle\sum_{i \in I} I_i$ は $\displaystyle\bigcup_{i \in I} I_i$ で生成されたイデ

2) 2.1 節で，「殆ど全ての $i \in I$ に対し $a_i = 0$」の定義を確認して欲しい．

アルに等しい．したがって，S を A の空でない部分集合とすると

$$(S) = \sum_{s \in S} (s)$$

となる．共通部分 $\bigcap_{i \in I} I_i$ もイデアルである．

問題 3.4

$a_1, a_2, \ldots, a_n \in A$ をとり，$I = (a_1, a_2, \ldots, a_n)$ とおく．このとき，任意の整数 $m \geq 1$ に対し

$$I^m = \left(a_1^{\alpha_1} a_2^{\alpha_2} \cdots a_n^{\alpha_n} \;\middle|\; 0 \leq \alpha_i \in \mathbb{Z}, \sum_{i=1}^{n} \alpha_i = m \right)$$

であることを確かめよ．

イデアルの根基

I は A のイデアルとする．

$$\sqrt{I} = \{a \in A |\ ある整数\ n > 0\ に対し\ a^n \in I\ が成り立つ\}$$

と定め，これを I の根基（**radical**）という．$I \subseteq \sqrt{I}$ である．$I \in \operatorname{Spec} A$ なら，等式 $\sqrt{I} = I$ が成り立つ．

定理 3.5

I が A のイデアルなら，$\sqrt{I}$ も A のイデアルである．$I \neq A$ なら等式

$$\sqrt{I} = \bigcap_{\mathfrak{p} \in \mathrm{V}(I)} \mathfrak{p}$$

が成り立つ．ただし，$\mathrm{V}(I) = \{\mathfrak{p} \in \operatorname{Spec} A \mid I \subseteq \mathfrak{p}\}$ とする．

[証明] $a, b \in \sqrt{I}$ とせよ．整数 $n \gg 0$ を $a^n, b^n \in I$ が成り立つようにとる．すると，$(ca)^n = c^n a^n \in I$ であるから，任意の $c \in A$ について $ca \in \sqrt{I}$ である．$(a+b)^{2n} = \displaystyle\sum_{i+j=2n} \binom{2n}{i} a^i b^j$ であるが，$i \geq n$ なら $a^i \in I$ で，$i < n$ なら $j > n$ であるから $b^j \in I$ となる．どちらの場合も $a^i b^j \in I$ であるので，$(a+b)^{2n} \in I$ となり，$a + b \in \sqrt{I}$ であることが分かる．故に，$\sqrt{I}$ は A のイデアルである．

次に，$I \neq A$ とする．$\sqrt{I} \subseteq \displaystyle\bigcap_{\mathfrak{p} \in \mathrm{V}(I)} \mathfrak{p}$ である．元 $f \in \displaystyle\bigcap_{\mathfrak{p} \in \mathrm{V}(I)} \mathfrak{p}$ があって，$f \notin \sqrt{I}$ であると仮定すると，f のいかなる冪 f^n $(n \geq 0)$ もイデアル I には含まれない．積閉集合 $S = \{f^n | n \geq 0\}$ を考える．$0 \notin S$ である．$B = S^{-1}A$ とおき，$\varphi : A \to B$ を局所化の自然な写像とする．$I \cap S = \emptyset$ であるので，B のイデアル $J = \left\{\dfrac{a}{s} \mid a \in I, s \in S\right\}$ は，B とは異なる．実際もしも $J = B$ なら，$1 \in J$ であるから $\dfrac{1}{1} = \dfrac{a}{s}$ $(a \in I, s \in S)$ と表され，ある $t \in S$ に対して $t(1 \cdot a - s \cdot 1) = 0$ が成り立ち，$ts = ta \in I \cap S$ となるからである．故に，B 内にはイデアル J を含む極大イデアル M が存在し，$\mathfrak{p} = \varphi^{-1}(M)$ とおけば，$\mathfrak{p} \in \operatorname{Spec} A$ であって，$\varphi(I) \subseteq J$ より $I \subseteq \mathfrak{p}$ が成り立つ．故に $f \in \mathfrak{p}$ で，$\varphi(f) = \dfrac{f}{1} \in M$ となるが，$\dfrac{f}{1}$ は B の単元であるから，不可能である．故に，$\sqrt{I} = \displaystyle\bigcap_{\mathfrak{p} \in \mathrm{V}(I)} \mathfrak{p}$ である． □

問題 3.6

定理 3.5 を用いて，次の主張を証明せよ．

(1) 任意のイデアル I に対し，$\sqrt{\sqrt{I}} = \sqrt{I}$ が成り立つ．

(2) I_1, I_2 を A のイデアルとすれば，$\sqrt{I_1 \cap I_2} = \sqrt{I_1} \cap \sqrt{I_2}$ である．

定義 3.7

(1) イデアル $\sqrt{(0)} = \bigcap_{\mathfrak{p} \in \operatorname{Spec} A} \mathfrak{p}$ を A の**冪零根基**と呼ぶ．

$\sqrt{(0)} = (0)$ が成り立つとき，A は**被約**（**reduced**）であるという．

(2) イデアル $\bigcap_{\mathfrak{m} \in \operatorname{Max} A} \mathfrak{m}$ を環 A の **Jacobson 根基**と呼び，

$\mathrm{J}(A)$ と表す．

(3) A 内に極大イデアルがただ一つしか含まれていないとき，

A は**局所環** (**local ring**) であるという．

問題 3.8

次の条件は同値であることを確かめよ．

(1) A は被約である．

(2) A の任意の積閉集合 S に対し $S^{-1}A$ は被約である．

(3) 任意の $\mathfrak{p} \in \operatorname{Spec} A$ に対し $A_{\mathfrak{p}}$ は被約である[3)]．

(4) 任意の $\mathfrak{m} \in \operatorname{Max} A$ に対し $A_{\mathfrak{m}}$ は被約である．

環 A が局所環であるための必要十分条件は，A 内で非単元の全体がイデアルをなすことである．

命題 3.9

次の主張が正しい．

(1) $\mathrm{J}(A) = \{a \in A \mid \forall x \in A$ に対し $1 - ax \in A^{\times}\}$ である．

(2) A は局所環で $a \in A$ とする．$a = a^2$ なら，$a = 0$ であるかまたは $a = 1$ である．

3) 環 $A_{\mathfrak{p}}$ については定義 3.17 参照．

[証明] (1) $a \in \mathrm{J}(A)$ とせよ．$x \in A$ とし，M は A の極大イデアルとする．このとき，$ax \in M$ であるので，$1 - ax \notin M$ となる．故に $(1 - ax) = A$ であるから，$1 - ax \in A^\times$ である．逆に，いかなる $x \in A$ についても $1 - ax \in A^\times$ と仮定する．このとき，もしもある極大イデアル M について $a \notin M$ なら，$A = (a) + M$ であるから，$1 = ax + m$ $(x \in A, m \in M)$ と書くことができる．しかし，$m \in M$ であるから $m = 1 - ax \notin A^\times$ であるが，これは矛盾である．

(2) $\mathfrak{m}$ によって A のただ一つの極大イデアルを表す．故に，$\mathrm{J}(A) = \mathfrak{m}$ である．さて，$a(1 - a) = 0$ であるが，$a \notin \mathfrak{m}$ なら，$a \in A^\times$ であるから，$1 - a = 0$，即ち $1 = a$ である．$a \in \mathfrak{m}$ なら，(1) より $1 - a \in A^\times$ であるから，$a = 0$ が従う． □

命題 3.10　Krull-東屋の補題[4)]

$J = \mathrm{J}(A)$ とおき，I を環 A の有限生成イデアルとする．このとき，$I = JI$ なら，$I = (0)$ である．

[証明] イデアル I は有限生成である．そこで，$I = (x_1, x_2, \ldots, x_n)$ となる A の元の族 $\{x_i\}_{1 \leq i \leq n}$ が存在するような整数 $n \geq 0$ を最小に取る．$I \neq (0)$ なら $n \geq 1$ である．すると，$x_n \in JI$ であるから $x_n = \sum_{i=1}^{n} a_i x_i$ $(a_i \in J)$ と表すと，$(1 - a_n)x_n = \sum_{i=1}^{n-1} a_i x_i$ で $1 - a_n \in A^\times$ であるから (命題 3.9 (1))，$x_n \in (x_1, x_2, \ldots, x_{n-1})$ となって $I = (x_1, x_2, \cdots, x_{n-1})$ が従うが，これは整数 n の最小性に反する．故に $I = (0)$ である． □

4) **Nakayama's lemma**（中山の補題）と呼ばれるのが普通である．中山先生ご自身はこれを好まれず，「Krull-東屋の補題というべきである」と述べられたと聞いているので，本書ではこのようにしておきたい．

命題 3.11

I を A のイデアルとせよ．$\sqrt{I}$ が有限生成なら，十分大きな任意の整数 $m \gg 0$ に対し，$(\sqrt{I})^m \subseteq I$ が成り立つ．

［証明］　$\sqrt{I} = (a_1, a_2, \ldots, a_n)$ $(n \geq 1)$ と表し，$a_i^q \in I$ が $1 \leq \forall i \leq n$ に対し成り立つよう整数 $q > 0$ をとる．すると，任意の $m \geq 1$ に対し

$$(\sqrt{I})^m = \left(\prod_{i=1}^{n} a_i^{\alpha_i} \;\middle|\; 1 \leq \forall i \leq n \text{ について } 0 \leq \alpha_i \in \mathbb{Z}, \sum_{i=1}^{n} \alpha_i = m \right)$$

であるから（問題 3.4），整数 m を $m \geq n(q-1)+1$ が成り立つようにとれば，$\displaystyle\sum_{i=1}^{n} \alpha_i = m$ となる非負整数 $\alpha_1, \alpha_2, \ldots, \alpha_n$ の中に，少なくとも一つは $\alpha_i \geq q$ を満たすものが現れる．故に，$\displaystyle\prod_{i=1}^{n} a_i^{\alpha_i} \in I$ が得られる．したがって $(\sqrt{I})^m \subseteq I$ である．　□

Prime avoidance theorem と Davis の補題

次に述べる二つの定理は，証明の簡単さに比べて汎用性が高いことで有名である[5]．

定理 3.12　**Prime avoidance theorem**

$I, \mathfrak{p}_1, \mathfrak{p}_2, \ldots, \mathfrak{p}_n$ $(n \geq 1)$ は A のイデアルで，イデアル $\mathfrak{p}_1, \mathfrak{p}_2, \ldots, \mathfrak{p}_n$ の中で素イデアルでないものは，たかだか 2 個しかないと仮定する．このとき $I \subseteq \displaystyle\bigcup_{i=1}^{n} \mathfrak{p}_i$ なら，ある $1 \leq i \leq n$ に

5）正則列の存在や depth, grade の理論で汎用される．

対し $I \subseteq \mathfrak{p}_i$ が成り立つ.

[証明] $n \geq 2$ としてよい. いかなる $1 \leq i \leq n$ に対しても $I \not\subseteq \mathfrak{p}_i$ であると仮定し, そのような $n \geq 2$ を最小にとる. $n = 2$ なら, $a_1 \in I$ と $a_2 \in I$ を, それぞれ $a_1 \notin \mathfrak{p}_2$, $a_2 \notin \mathfrak{p}_1$ ととり, $a = a_1 + a_2$ とおく. すると, $a_i \in I \subseteq \mathfrak{p}_1 \cup \mathfrak{p}_2$ であるので, $a_i \in \mathfrak{p}_i$ $(i = 1, 2)$ である. 一方で, $a \in I$ であるから, $a \in \mathfrak{p}_1$ であるかまたは $a \in \mathfrak{p}_2$ が成り立つはずであるが, $a = a_1 + a_2 \in \mathfrak{p}_1$ なら, $a_1 \in \mathfrak{p}_1$ であるから $a_2 \in \mathfrak{p}_1$ が従い, $a = a_1 + a_2 \in \mathfrak{p}_1$ なら, $a_2 \in \mathfrak{p}_2$ であるから $a_1 \in \mathfrak{p}_2$ が従う. どちらも不可能である. 故に $n \geq 3$ である.

さて, 必要なら並べ替えて, $\mathfrak{p}_1$ は A の素イデアルであるとしてよい. n の最小性より, いかなる $1 \leq i \leq n$ に対しても $I \not\subseteq \bigcup_{j \neq i} \mathfrak{p}_j$ となる. 元 $a_i \in I$ を $a_i \notin \bigcup_{j \neq i} \mathfrak{p}_j$ が成り立つように取る. $a_i \in \mathfrak{p}_i$, $a_i \notin \mathfrak{p}_j$ $(j \neq i)$ である. $a = a_1 + \prod_{i=2}^{n} a_i$ とおく. すると, $a \in I$ であるが, $a \notin \bigcup_{i=1}^{n} \mathfrak{p}_i$ である. 実際, $a = a_1 + \prod_{i=2}^{n} a_i \in \mathfrak{p}_1$ なら, $a_1 \in \mathfrak{p}_1$ より $\prod_{i=2}^{n} a_i \in \mathfrak{p}_1$ であるが, $\mathfrak{p}_1$ は素イデアルであって $a_i \notin \mathfrak{p}_1$ $(i \geq 2)$ であるから, 不可能である. したがって, $a = a_1 + \prod_{i=2}^{n} a_i \in \mathfrak{p}_j$ が成り立つような j は 2 以上であるが, $\prod_{i=2}^{n} a_i \in \mathfrak{p}_j$ であるから, $a_1 \in \mathfrak{p}_j$ が従い, やはり不可能である. □

定理 3.13 **Davis の補題** [6, Theorem 124]

$a \in A$, I は A のイデアル, $\mathfrak{p}_1, \mathfrak{p}_2, \ldots, \mathfrak{p}_n$ $(n \geq 1)$ は A の

素イデアルとせよ．このとき，$(a)+I \not\subseteq \bigcup_{i=1}^{n} \mathfrak{p}_i$ なら，ある $x \in I$ を選び，$a+x \notin \bigcup_{i=1}^{n} \mathfrak{p}_i$ が成り立つようにすることができる．

[証明]　$n=1$ とせよ．$\forall x \in I$ について $a+x \in \mathfrak{p}_1$ であるなら，$a=a+0 \in \mathfrak{p}_1$ であってかつ $I \subseteq \mathfrak{p}_1$ が成り立ち，$(a)+I \subseteq \mathfrak{p}_1$ となる．$n \geq 2$ であって我々の主張は $n-1$ までは正しいと仮定する．$\bigcup_{i=1}^{n-1} \mathfrak{p}_i \not\subseteq \mathfrak{p}_n$ であるとしてよい．すると，$(a)+I \not\subseteq \bigcup_{i=1}^{n-1} \mathfrak{p}_i$ であるから，元 $y \in I$ を $a+y \notin \bigcup_{i=1}^{n-1} \mathfrak{p}_i$ と選ぶことができる．もし $a+y \notin \mathfrak{p}_n$ なら，この $y \in I$ が求める元である．$a+y \in \mathfrak{p}_n$ とせよ．すると $I \not\subseteq \mathfrak{p}_n$ である．実際，もし $I \subseteq \mathfrak{p}_n$ なら，$a+y \in \mathfrak{p}_n$ であるから，$a \in \mathfrak{p}_n$ となって，$(a)+I \subseteq \mathfrak{p}_n$ が従うからである．イデアル $\mathfrak{p}_n$ は素であるから，$I \cdot \prod_{i=1}^{n-1} \mathfrak{p}_i \not\subseteq \mathfrak{p}_n$ である（命題 1.50 参照）．元 $z \in I \cdot \prod_{i=1}^{n-1} \mathfrak{p}_i$ を $z \notin \mathfrak{p}_n$ が成り立つように選び，$x=y+z$ とおけば，この $x \in I$ が求める元である．実際，$a+x \in \mathfrak{p}_i$ とすると，$i=n$ なら，$a+y \in \mathfrak{p}_n$ であるから $z \in \mathfrak{p}_n$ が従い，$i<n$ なら，$z \in \mathfrak{p}_i$ であるから $a+y \in \mathfrak{p}_i$ が従うが，どちらも不可能だからである．□

イデアルの拡大と制限

$\varphi : A \to B$ は環の準同型写像とする．

環 A のイデアル I に対し $\varphi(I)$ で生成された B のイデアルを，IB あるいは I^e と表し，イデアル I の環 B への拡大という．即ち，

$$I^e = \left\{ \sum_{i=1}^{n} \varphi(a_i)b_i \;\middle|\; n > 0,\ 1 \leq \forall i \leq n \text{ について } a_i \in I,\ b_i \in B \right\}$$

である．$I \subseteq J$ なら $I^e \subseteq J^e$ である．また，等式 $(I+J)^e = I^e + J^e$，$(IJ)^e = I^e J^e$ が，A の任意のイデアル I, J に対し成り立つ．イデアル I が有限生成なら，$I = (a_1, a_2, \ldots, a_n)A$ とすると，$I^e = (\varphi(a_1), \varphi(a_2), \ldots, \varphi(a_n))B$ となり，I^e も有限生成であることがわかる．

逆に，B のイデアル J に対し，$\varphi^{-1}(J)$ を $J \cap A$ または J^c と表し，イデアル J の A への制限，あるいは引き戻しという．J^c は A のイデアルであって，$J^{ce} \subseteq J$ が成り立ち，A のイデアル I については，$I \subseteq I^{ec}$ が成り立つ．故に A の任意のイデアル I に対し，$I^{ece} = I^e$ となり，B の任意のイデアル J に対し，$J^{cec} = J^c$ が成り立つ．Q を B の素イデアルとすれば，Q の制限 Q^c は A の素イデアルである．

S を A 内の積閉集合とし，自然な写像 $f : A \to S^{-1}A,\ f(a) = \dfrac{a}{1}$ を考える．

定理 3.14

次の主張が正しい．

(1) J を $S^{-1}A$ のイデアルとすれば，$J = J^{ce}$ である．

(2) I を A のイデアルとすれば，$I^e = \left\{ \dfrac{a}{s} \;\middle|\; a \in I, s \in S \right\}$，$I^{ec} = \{a \in A \mid \text{ある } s \in S \text{ が存在して } sa \in I\}$ となる．

[証明] (1) $\dfrac{a}{s} \in J$ とすれば，$\dfrac{a}{1} = \dfrac{s}{1} \cdot \dfrac{a}{s} \in J$ であるから $\dfrac{a}{1} \in J$ となり，$a \in J^c$ が得られて，$J \subseteq J^{ce}$ が従う．

(2) $a \in I$，$s \in S$ ならば，$\dfrac{a}{s} = \dfrac{a}{1} \cdot \dfrac{1}{s} \in I^e$ である．逆に，$x \in I^e$ とすれば，$a_i \in I$，$\dfrac{b_i}{s} \in S^{-1}A$ を取って $x = \displaystyle\sum_{i=1}^{n} \frac{a_i}{1} \cdot \frac{b_i}{s} = \sum_{i=1}^{n} \frac{a_i b_i}{s} =$

$\dfrac{a}{s}$ $\left(a = \displaystyle\sum_{i=1}^{n} a_i b_i \in I\right)$ と表すことができ，$I^e = \left\{\dfrac{a}{s} \mid a \in I, s \in S\right\}$ が従う．

次に，等式 $I^{ec} = \{a \in A \mid$ ある $s \in S$ に対し $sa \in I\}$ が成り立つことを示そう．$a \in I^{ec}$ ならば，ある $b \in I$ と $s \in S$ によって $\dfrac{a}{1} = \dfrac{b}{s}$ と表すことができるから，$t \in S$ を等式 $t(1{\cdot}b - a{\cdot}s) = 0$ が成り立つように取ることができ，$(ts)a = tb \in I$ が従う．$a \in A$，$s \in S$ で $sa \in I$ なら，$\dfrac{a}{1} = \dfrac{sa}{s} \in I^e$ より，$a \in I^{ec}$ が得られる．□

系 3.15

I を A のイデアルとする．$I^e = S^{-1}A$ であるための必要十分条件は，$I \cap S \neq \emptyset$ である．

系 3.16

$\mathfrak{p}$ は A の素イデアルであって，$\mathfrak{p} \cap S = \emptyset$ とすると，拡大イデアル $\mathfrak{p}^e$ は $S^{-1}A$ の素イデアルである．また，写像

$$\Phi : \{\mathfrak{p} \in \operatorname{Spec} A \mid \mathfrak{p} \cap S = \emptyset\} \to \operatorname{Spec} S^{-1}A,\ \Phi(\mathfrak{p}) = \mathfrak{p}^e$$

は全単射で，イデアルの包含関係を保つ．

[証明]　$\mathfrak{p}$ は A の素イデアルであって $\mathfrak{p} \cap S = \emptyset$ であるから，$\mathfrak{p}^{ec} = \mathfrak{p}$，$\mathfrak{p}^e \neq S^{-1}A$ である．$\dfrac{a}{s}, \dfrac{b}{t} \in S^{-1}A$ が $\dfrac{a}{s}{\cdot}\dfrac{b}{t} = \dfrac{ab}{st} \in \mathfrak{p}^e$ を満たすなら，$ab \in \mathfrak{p}^{ec} = \mathfrak{p}$ となり，$a \in \mathfrak{p}$ かまたは $b \in \mathfrak{p}$ が従う．即ち，$\dfrac{a}{s} \in \mathfrak{p}^e$ かまたは $\dfrac{b}{t} \in \mathfrak{p}^e$ となって，$\mathfrak{p}^e$ が $S^{-1}A$ の素イデアルであることを得る．$\mathfrak{p}^{ec} = \mathfrak{p}$ であるから，写像 Φ は単射である．Q を $S^{-1}A$ の素イデアルとし $\mathfrak{p} = Q^c$ とおけば，$\mathfrak{p} \in \operatorname{Spec} A$ であって $\mathfrak{p}^e = Q \neq S^{-1}A$ が成り立つ．故に，$\mathfrak{p} \cap S = \emptyset$ であって，写像 Φ は全射でもある．□

$\mathfrak{p} \in \operatorname{Spec} A$ に対し，$S = A \setminus \mathfrak{p}$ と定めて局所化 $S^{-1}A$ を考えると，$S^{-1}A$ は $\mathfrak{p}^e = \left\{ \frac{a}{s} \mid a \in \mathfrak{p}, s \in A \setminus \mathfrak{p} \right\}$ をただ一つの極大イデアルとするような局所環である（系 3.16 参照）．

定義 3.17

$S^{-1}A$ を $A_{\mathfrak{p}}$ と表し，素イデアル $\mathfrak{p}$ における A の局所環という．

問題 3.18

I, J を A のイデアルとすれば，$S^{-1}A$ 内では等式 $(I \cap J)^e = I^e \cap J^e$ が成り立つ．確かめよ．

Noether 環の構造

Noether 環に関する抽象的な理論を展開しよう[6]．

定義 3.19

A 内のいかなるイデアルも有限生成であるとき，A は **Noether 環**であるという．

定理 3.20

A に関する次の 3 条件は，互いに同値である．

(1) A は Noether 環である．

(2) $I_1 \subseteq I_2 \subseteq \cdots \subseteq I_i \subseteq \cdots$ を A のイデアルの昇鎖とすれば，十分大きな番号 $k \geq 1$ があって $I_k = I_i$ が $\forall i \geq k$ に対し成

6) このような抽象論は D. Hilbert が着手したものであるが，大々的に実行したのは E. Noether である．高木貞治先生はドイツ滞在中に Noether と交流があったが，「ああいう営みは行きつくところまで行くしかないでしょう」という意味のことを述べられ，Noether の抽象化に全面的に賛同したわけではなかったと聞いている．

り立つ．

(3) 集合 $\mathcal{F}$ の空でないいかなる部分集合 $\mathcal{S}$ も，包含関係に関する極大元を含む．ここで $\mathcal{F}$ は A のイデアル全体よりなる集合を表す．

[証明]　(1) ⇒ (2): $I = \bigcup_{i \geq 1} I_i$ と置くと，I は環 A のイデアルである．I は有限生成であるから，$I = (a_1, a_2, \ldots, a_n)$ $(n \geq 1)$ と表し，番号 $N \geq 1$ を $1 \leq \forall i \leq n$ について $a_i \in I_N$ となるよう取れば，$i \geq N$ である限り等式 $I = I_N = I_i$ が成り立つ．

(2) ⇒ (3): 集合 $\mathcal{S}$ 内に極大元が一つも含まれていないならば，いかなる $I \in \mathcal{S}$ に対しても，$I \subsetneq J$ となるような $J \in \mathcal{S}$ が I に対して少なくとも一つは存在し，したがって集合 $\mathcal{S}$ の元の昇鎖 $I_1 \subsetneq I_2 \subsetneq \cdots \subsetneq I_i \subsetneq \cdots$ が得られる．これは仮定 (2) に反する．

(3) ⇒ (1): A 内に有限生成でないイデアル I が存在したと仮定し，$\mathcal{S} = \{J \mid J$ は A の有限生成イデアルで $J \subseteq I\}$ とおけば，$(0) \in \mathcal{S}$ より $\mathcal{S} \neq \emptyset$ であるから，極大元 $J \in \mathcal{S}$ を含む．$J \neq I$ であるので，$a \in I$ を $a \notin J$ を満たすように取って，$K = J + (a)$ とおくと，イデアル K は有限生成であってかつ $K \subseteq I$ であるから，$K \in \mathcal{S}$ となるが，$J \subsetneq K$ であるのでイデアル J の極大性が壊れる．故に，A のイデアルはすべて有限生成である．　□

E. Noether

D. Hilbert

定理 3.21

A は Noether 環とする.

(1) I $(\neq A)$ を A のイデアルとすれば, A/I も Noether 環である.

(2) A 内のいかなる積閉集合についても, 局所化 $S^{-1}A$ は Noether 環である.

(3) (**Hilbert の基底定理**) 多項式環 $A[X_1, X_2, \ldots, X_n]$ $(n \geq 1)$ は Noether 環である[7].

したがって, Noether 環 A から出発して, (1), (2), (3) の操作を繰り返して得られる環は, すべて Noether 環である.

Hilbert の基底定理には幾通りもの証明が知られているが, ここ

7) 即ち, 複素数体 $\mathbb{C}$ 上の多項式環 $\mathbb{C}[X_1, X_2, \ldots, X_n]$ 内のどんなイデアルも有限生成である. これが Hilbert の定理である. この定理は実際は, 無限個の方程式よりなる連立方程式であっても, そのうちから有限個の方程式を選んで同値な連立方程式を作ることができるという主張である. 当時, Hilbert の議論を聞いたある人が「これは数学ではない, 神学である.」と批評したという話や, 「では実際に有限個選んで見せよ.」と迫ったという話が残っている. これらの批判は当時としては無理な相談であったが, 数学的には深い意味があり, 今日の発展の礎になっている.

では E. Artin の証明を述べたい.

[証明]　(1), (2) $B = A/I$ または $B = S^{-1}A$ とおき，自然な写像 $\varphi : A \to B$ を考えると，B のいかなるイデアル J に対しても等式 $J^{ce} = J$ が成り立つ．故に B も Noether 環である.

(3) (**E. Artin**) n に関する帰納法により，$n = 1$ として十分である．$I_0 \subseteq I_1 \subseteq I_2 \subseteq \cdots \subseteq I_i \subseteq \cdots$ を多項式環 $B = A[X]$ のイデアルの昇鎖とせよ．各 $j \geq 0$ に対し

$$\mathfrak{a}_{i,j} = \{a \in A \mid f = aX^j + (j \text{ より低次の項}) \text{ となるような } f \in I_i \text{ が存在する} \}$$

とおく．$\mathfrak{a}_{i,j}$ は環 A のイデアルで，任意の整数 $i, j \geq 0$ に対し $\mathfrak{a}_{i,j} \subseteq \mathfrak{a}_{i+1,j}$，$\mathfrak{a}_{i,j} \subseteq \mathfrak{a}_{i,j+1}$ が成り立ち，次の図が得られる.

$$\begin{array}{ccccccccc}
\vdots & & \vdots & & \vdots & & & & \vdots \\
\cup\!\shortmid & & \cup\!\shortmid & & \cup\!\shortmid & & & & \cup\!\shortmid \\
\mathfrak{a}_{0,j} & \subseteq & \mathfrak{a}_{1,j} & \subseteq & \mathfrak{a}_{2,j} & \subseteq & \cdots & \subseteq & \mathfrak{a}_{i,j} & \subseteq \cdots \\
\cup\!\shortmid & & \cup\!\shortmid & & \cup\!\shortmid & & & & \cup\!\shortmid \\
\vdots & & \vdots & & \vdots & & & & \vdots \\
\cup\!\shortmid & & \cup\!\shortmid & & \cup\!\shortmid & & & & \cup\!\shortmid \\
\mathfrak{a}_{0,1} & \subseteq & \mathfrak{a}_{1,1} & \subseteq & \mathfrak{a}_{2,1} & \subseteq & \cdots & \subseteq & \mathfrak{a}_{i,1} & \subseteq \cdots \\
\cup\!\shortmid & & \cup\!\shortmid & & \cup\!\shortmid & & & & \cup\!\shortmid \\
\mathfrak{a}_{0,0} & \subseteq & \mathfrak{a}_{1,0} & \subseteq & \mathfrak{a}_{2,0} & \subseteq & \cdots & \subseteq & \mathfrak{a}_{i,0} & \subseteq \cdots
\end{array}$$

この図の対角線上を見ると，$\mathfrak{a}_{0,0} \subseteq \mathfrak{a}_{1,1} \subseteq \mathfrak{a}_{ii} \subseteq \cdots$ であるから，$\mathfrak{a}_{n,n} = \mathfrak{a}_{n+1,n+1} = \mathfrak{a}_{n+2,n+2} = \cdots$ となるような番号 $n \geq 0$ が得られ，任意の $i, j \geq n$ について等式 $\mathfrak{a}_{n,n} = \mathfrak{a}_{i,j}$ が従う.

さて，$0 \leq j \leq n$ とする．このとき，$\mathfrak{a}_{0,j} \subseteq \mathfrak{a}_{1,j} \subseteq \mathfrak{a}_{2,j} \subseteq \cdots \subseteq \mathfrak{a}_{i,j} \subseteq \cdots$ という A のイデアルの昇鎖から，$\mathfrak{a}_{\alpha_j,j} = \mathfrak{a}_{\alpha_j+1,j} = \mathfrak{a}_{\alpha_j+2,j} = \cdots$ となる番号 $\alpha_j \geq 0$ が存在することがわかるので，$N =$

$\max[\{\alpha_j \mid 0 \leq j \leq n\} \cup \{n\}]$ とおくと，すべての $j \geq 0$ と $i \geq N$ について等式 $\mathfrak{a}_{i,j} = \mathfrak{a}_{i+1,j}$ が成り立つ．$i \geq N$ なら $I_i = I_{i+1}$ が成り立つことを確かめよう．$f \in I_{i+1}$ を取り $f \notin I_i$ であると仮定する．このような f を特に $j = \deg f$ が最小となるよう選ぶ．このとき，$f = aX^j +$(j より低次の項) $(a \in A)$ とおけば，$a \in \mathfrak{a}_{i+1,j} = \mathfrak{a}_{i,j}$ であるから，$g \in I_i$ を $g = aX^j +$ (j より低次の項) が成り立つように選ぶことができる．しかし，$h = f - g$ とおくと，$h \in I_{i+1}$，$h \notin I_i$ で $\deg h < j$ であるから，$j = \deg f$ の最小性が壊れる．故に $\forall i \geq N$ について等式 $I_i = I_{i+1}$ が成り立ち，多項式環 $A[X]$ も Noether 環であることが分かる． □

定理 3.22 **(I. S. Cohen)**
環 A に対し次の条件は同値である．
(1) A は Noether 環である．
(2) どんな $\mathfrak{p} \in \operatorname{Spec} A$ も有限生成である．

[証明] (2) ⇒ (1): A は Noether 環でないと仮定し，有限生成でないイデアル全体のなす集合を $\mathcal{S}$ とおく．集合 $\mathcal{S}$ 内の空でない鎖 $\mathcal{C}$ をとって $I = \bigcup_{J \in \mathcal{C}} J$ とおくと，イデアル I は有限生成でない．故に，Zorn の補題により，集合 $\mathcal{S}$ 内に極大元 I を得る．$I \neq A$ であってかつ $I \notin \operatorname{Spec} A$ でもあるので，元 $x, y \in A$ を $xy \in I$，$x, y \notin I$ を満たすよう選ぶことができる．$I \subsetneq I + (x)$ であるから，イデアル $I + (x)$ は有限生成である．$J = I : x$ とおけば，$I \subsetneq I + (y) \subseteq J$ であるから，イデアル J も有限生成となる．$I + (x) = (a_1 + r_1 x, a_2 + r_2 x, \ldots, a_m + r_m x)$ $(a_i \in I, r_i \in A)$ $(m \geq 1)$ とし，$J = (z_1, z_2, \ldots, z_n)$ $(n \geq 1)$ とする．このとき，$\forall a \in I$ をとり $a = \sum_{i=1}^{m} s_i(a_i + r_i x)$

$(s_i \in A)$ と表すと，$a - \sum_{i=1}^{m} s_i a_i = \left(\sum_{i=1}^{m} s_i r_i\right) x \in I$ であるから，$\sum_{i=1}^{m} s_i r_i \in I : x = J$ となり，$\left(\sum_{i=1}^{m} s_i r_i\right) x \in xJ = (xz_1, xz_2, \ldots, xz_n)$ を得る．故に，$a \in (a_1, a_2, \ldots, a_m) + (xz_1, xz_2, \ldots, xz_n)$ となって，$I = (a_1, a_2, \ldots, a_m) + (xz_1, xz_2, \ldots, xz_n)$ が得られるが，もちろん不可能である．□

イデアルの準素分解

Noether 環論の根底をなす **Lasker-Noether** の分解定理と随伴素イデアルの理論を述べよう．

定義 3.23

I は A のイデアルとする．次の 2 条件を満たすとき，I は A の**準素イデアル**であるという．

(1) $I \neq A$ である．

(2) $a, b \in A$ のとき，$ab \in I$ なら，$a \in I$ であるかまたは $b \in \sqrt{I}$ が成り立つ．

素イデアルは準素イデアルである．$\mathfrak{m}$ が A の極大イデアルなら，任意の整数 $n > 0$ に対し $A/\mathfrak{m}^n$ は局所環であるから，冪 $\mathfrak{m}^n$ は A の準素イデアルとなる．

補題 3.24

I が準素イデアルなら，$\sqrt{I} \in \operatorname{Spec} A$ である．

［証明］　$I \neq A$ であるから $\sqrt{I} \neq A$ である．$a, b \in A$ とせよ．$ab \in$

$\sqrt{I}, a \notin \sqrt{I}$ ならば，ある整数 $n > 0$ に対して $(ab)^n = a^n b^n \in I$ となる．I は A の準素イデアルであって $a^n \notin I$ であるから，$b^n \in \sqrt{I}$ となり，$b \in \sqrt{I}$ が得られる．故に $\sqrt{I}$ は素イデアルである． □

A の準素イデアル I に対して，$\sqrt{I} = \mathfrak{p}$ が成り立つとき，I は $\mathfrak{p}$-準素イデアルであるという．I_1, I_2 が $\mathfrak{p}$-準素イデアルならば，$I_1 \cap I_2$ も $\mathfrak{p}$-準素イデアルである（問題 3.6）．

イデアル I $(\neq A)$ は，有限個の準素イデアルの共通部分 $I = \bigcap_{i=1}^{n} Q_i$ $(n \geq 1)$ として表されるとき，A 内で準素分解を持つという．イデアル I の準素分解 $I = \bigcap_{i=1}^{n} Q_i$ が無駄のない分解であるとは，$\{\mathfrak{p}_i = \sqrt{Q_i}\}_{1 \leq i \leq n}$ がすべて異なっていて，各 $1 \leq i \leq n$ について $\bigcap_{j \neq i} Q_j \not\subseteq Q_i$ が成り立つことをいう．問題 3.6 (2) より，イデアルは一たび準素分解を持てば，必ず無駄のない準素分解を持つことに注意しよう．

定義 3.25

A のイデアル I は，$I \neq A$ であって，$I = J \cap K$ であるようなイデアル J, K が $J = I$ または $K = I$ に限るとき，**既約**であるという．

補題 3.26

I を Noether 環 A のイデアル $(I \neq A)$ とすると，イデアル I は有限個の既約イデアルの共通部分である．

[証明] 有限個の既約イデアルの共通部分ではないイデアル I $(\neq A)$

が Noether 環 A 内に存在したと仮定し，このような I を極大にとれば，イデアル I は既約ではないので，環 A のイデアル $J, K \supsetneq I$ を等式 $I = J \cap K$ が成り立つよう取ることができる．すると，$J, K \neq A$ であるので，イデアル I の極大性から，J, K は有限個の既約イデアルの共通部分として表され，したがって I も有限個の既約イデアルの共通部分として表されるが，これは不可能である． □

補題 3.27

Noether 環内では，既約イデアルは準素イデアルである．

［証明］ I を既約イデアルとし，$ab \in I$，$b \notin \sqrt{I}$ であるとせよ．このとき，イデアルの昇鎖 $I : b \subseteq I : b^2 \subseteq \cdots \subseteq I : b^n \subseteq \cdots$ を考え，整数 $n > 0$ を $k \geq n$ なら等式 $I : b^n = I : b^k$ が成り立つように取ると，$(I : b) \cap [I + (b^n)] = I$ である．実際，命題 3.3 より

$$(I : b) \cap [I + (b^n)] = I + [(I : b) \cap (b^n)]$$

であるから，$(I : b) \cap (b^n) \subseteq I$ を示せば十分である．$x \in (I : b) \cap (b^n)$ なら $x = b^n y$ $(y \in A)$ と表すと，$b^{n+1} y = bx \in I$ であるから $y \in I : b^{n+1} = I : b^n$ となり，$x = b^n y \in I$ が従う．故に，$(I : b) \cap [I + (b^n)] = I$ であって $b \notin \sqrt{I}$ であるので，イデアル I の既約性から，$a \in I : b = I$ が得られる． □

即ち，次の定理が得られた．

定理 3.28 Lasker-Noether の分解定理

Noether 環 A のいかなるイデアル I $(\neq A)$ も，無駄のない準素分解を持つ．

定理 3.29

A は可換環，$I\ (\neq A)$ は環 A のイデアルとせよ．

$$I = \bigcap_{i=1}^{n} Q_i$$

は，イデアル I の無駄のない準素分解と仮定し，$\mathfrak{p}_i = \sqrt{Q_i}$ とおき，どの $1 \leq i \leq n$ についても，$\mathfrak{p}_i$ は有限生成イデアルであると仮定する．このとき，次の等式

$$\begin{aligned}&\{\mathfrak{p}_1, \mathfrak{p}_2, \ldots, \mathfrak{p}_n\}\\&= \{\mathfrak{p} \in \operatorname{Spec} A \mid \text{ある } x \in A \text{ に対し } \mathfrak{p} = I : x \text{ となる }\}\end{aligned}$$

が成り立つ．

[証明] $\mathfrak{p}$ は環 A の素イデアルで，ある $x \in A$ に対し，等式 $\mathfrak{p} = I : x$ が成り立つと仮定する．すると，$\mathfrak{p} = \bigcap_{i=1}^{n}(Q_i : x)$ である．$\mathfrak{p}$ は素イデアルであるから，ある $1 \leq i \leq n$ に対し，等式 $\mathfrak{p} = Q_i : x$ が成り立つことになる．故に $Q_i \subseteq \mathfrak{p}$ であるから，$\mathfrak{p}_i = \sqrt{Q_i} \subseteq \mathfrak{p}$ が得られる．一方で，$x \notin Q_i$（さもないと $1 \in \mathfrak{p}_i$ となる）であってかつ $x\mathfrak{p} \subseteq Q_i$ であるから，イデアル Q_i が $\mathfrak{p}_i$-準素であることより，$\mathfrak{p} \subseteq \mathfrak{p}_i$ が従う．故に $\mathfrak{p} = \mathfrak{p}_i$ である．

逆に，どの $1 \leq i \leq n$ に対しても，ある $x = x_i \in A$ が存在して，等式 $\mathfrak{p}_i = I : x$ が成り立つことを示そう．背理法による証明を行う．ある $1 \leq i \leq n$ があって，いかなる $x \in A$ に対しても

$$\mathfrak{p}_i \neq I : x$$

であったと仮定する．このとき，$\mathfrak{a} = \bigcap_{j \neq i} Q_j$ ($n = 1$ のときは，$\mathfrak{a} =$

A と理解する）とおけば，いかなる整数 $\ell \geq 0$ に対しても

$$\mathfrak{a} \cap (Q_i : \mathfrak{p}_i^{\ell}) \subseteq Q_i$$

が成り立つ．このことを，ℓ に関する数学的帰納法によって示そう．

$\ell = 0$ ならば，$\mathfrak{a} \cap (Q_i : \mathfrak{p}_i^{\ell}) = \mathfrak{a} \cap Q_i \subseteq Q_i$ であるから，$\mathfrak{a} \cap (Q_i : \mathfrak{p}_i^{\ell}) \subseteq Q_i$ は自明に正しい．$\ell > 0$ とし，$\ell - 1$ までは着目した包含は正しいと仮定し，任意に $x \in \mathfrak{a} \cap (Q_i : \mathfrak{p}_i^{\ell})$ をとる．このとき，もしも $x \notin Q_i$ であれば，$x \in Q_i : \mathfrak{p}_i^{\ell} = (Q_i : \mathfrak{p}_i^{\ell-1}) : \mathfrak{p}_i$ であって $x\mathfrak{p}_i \subseteq \mathfrak{a}$（$x \in \mathfrak{a}$ であることに注目せよ）であるので，$x\mathfrak{p}_i \subseteq \mathfrak{a} \cap (Q_i : \mathfrak{p}_i^{\ell-1})$ となり，ℓ についての帰納法の仮定より，$x\mathfrak{p}_i \subseteq Q_i$ が得られる．故に $x\mathfrak{p}_i \subseteq \mathfrak{a} \cap Q_i = I$，すなわち $\mathfrak{p}_i \subseteq I : x$ である．一方で，$a \in I : x$ ならば，$ax \in I \subseteq Q_i$ であるがしかし $x \notin Q_i$ であるから，$a \in \mathfrak{p}_i$ が得られる．すなわち $I : x \subseteq \mathfrak{p}_i$ である．故に等式 $\mathfrak{p}_i = I : x$ が成り立つが，これは整数 $1 \leq i \leq n$ の取り方に反する．よって $\mathfrak{a} \cap (Q_i : \mathfrak{p}_i^{\ell}) \subseteq Q_i$ が，すべての整数 $\ell \geq 0$ に対して成り立つことがわかるが，しかしながらイデアル $\mathfrak{p}_i = \sqrt{Q_i}$ は，仮定により有限生成であるから，十分大なる整数 $\ell \gg 0$ を取れば，$\mathfrak{p}_i^{\ell} \subseteq Q_i$ が成り立ち，このような整数 $\ell \gg 0$ については，$\mathfrak{a} = \mathfrak{a} \cap (Q_i : \mathfrak{p}_i^{\ell}) \subseteq Q_i$ が従う．しかしながらこれは，準素分解 $I = \bigcap_{i=1}^{n} Q_i$ は無駄が無いという仮定に反する．

故に，いかなる $1 \leq i \leq n$ に対しても，必ずある $x = x_i \in A$ が存在して，等式 $\mathfrak{p}_i = I : x$ が成り立つことがわかる．　□

環 A のイデアル I に対し

$$\begin{aligned} &\operatorname{Ass}_A A/I \\ &= \{\mathfrak{p} \in \operatorname{Spec} A \mid \text{ある } x \in A \text{ があって } \mathfrak{p} = I : x \text{ が成り立つ}\} \end{aligned}$$

とおき，$\operatorname{Ass}_A A/I$ の元を，I に随伴する素イデアル，あるいは，I

の素因子という．

以上の議論を纏めておくと，下記のようになる．

定理 3.30

I を Noether 環 A のイデアルとすれば，次の主張が正しい．

(1) $\mathrm{Ass}_A\, A/I$ は有限集合である．

(2) $\mathrm{Ass}_A\, A/I \neq \emptyset$ であるための必要十分条件は $I \neq A$ である．

(3) $I \neq A$ とする．このとき，等式

$$I = \bigcap_{\mathfrak{p} \in \mathrm{Ass}_A\, A/I} I(\mathfrak{p})$$

を満たすようなイデアルの族 $\{I(\mathfrak{p})\}_{\mathfrak{p} \in \mathrm{Ass}_A\, A/I}$ が存在する．ここで，各 $\mathfrak{p}$ に対し，$I(\mathfrak{p})$ は $\mathfrak{p}$-準素イデアルである．この準素分解には無駄がない．

また，$\mathfrak{p} \in \mathrm{Ass}_A\, A/I$ が $\mathrm{Ass}_A\, A/I$ 内で包含関係について極小なら，$I(\mathfrak{p}) = IA_{\mathfrak{p}} \cap A$ が成り立つので，イデアル $I(\mathfrak{p})$ は準素分解 $I = \bigcap_{\mathfrak{p} \in \mathrm{Ass}_A\, A/I} I(\mathfrak{p})$ の取り方にはよらず，I に対し一意的に定まる．

命題 3.31

I は Noether 環 A のイデアル $(I \neq A)$ とせよ．$a \in A$ の像が A/I 内で零因子であるための必要十分条件は，$a \in \mathfrak{p}$ となるような $\mathfrak{p} \in \mathrm{Ass}_A\, A/I$ が少なくとも一つ存在することである．故に，等式

$$\bigcup_{\mathfrak{p} \in \mathrm{Ass}_A A/I} \mathfrak{p} = \{ a \in A \mid a \text{ の像は } A/I \text{ 内で零因子である } \}$$

が成り立つ.

[証明]　$I = \bigcap_{i=1}^{n} Q_i$ は無駄のない準素分解とする．$y \notin I$ が $ay \in I$ を満たすなら，全ての i について $ay \in Q_i$ であるが，特に $y \notin Q_i$ となる i に対しては，$a \in \mathfrak{p}_i$ が成り立つ．逆に，$\mathfrak{p} \in \mathrm{Ass}_A A/I$ とし，元 $a \in \mathfrak{p}$ を取れば，$\mathfrak{p} = I : x$ となる $x \in A$ に対し必ず $ax \in I$ が成り立つ．$x \notin I$ であるので，元 a の像は A/I 内で零因子である．　□

$\mathrm{Ass}\, A = \mathrm{Ass}_A A/(0)$ とおく．

系 3.32

Noether 環 A 内では，等式

$$\bigcup_{\mathfrak{p} \in \mathrm{Ass}\, A} \mathfrak{p} = \{ a \in A \mid a \text{ は } A \text{ の零因子である } \}$$

が成り立つ.

問題 3.33

I は Noether 環 A のイデアルとする．I が少なくとも一つ A の非零因子を含むなら，イデアル I は非零因子で生成される，即ち，等式 $I = (a_1, a_2, \ldots, a_n)$ $(n \geq 1)$ を満たすような，A の非零因子 $\{a_i\}_{1 \leq i \leq n}$ $(n \geq 1)$ が存在することを証明せよ[8)].

8)　Davis の補題（定理 3.13）を用いよ．

系 3.34

$\mathfrak{m}$ が Noether 環 A の極大イデアルなら，次の条件は同値である．

(1) $\mathfrak{m} \in \operatorname{Ass} A$ である．

(2) $\mathfrak{m}$ の元は全て A の零因子である．

［証明］ (2) $\Rightarrow$ (1): 定理 3.30 (1) より $\operatorname{Ass} A$ は有限集合であり，系 3.32 より $\mathfrak{m} \subseteq \bigcup_{\mathfrak{p} \in \operatorname{Ass} A} \mathfrak{p}$ であるから，定理 3.12 より $\mathfrak{m} \subseteq \mathfrak{p}$ がある $\mathfrak{p} \in \operatorname{Ass} A$ に対し成り立つ．$\mathfrak{m}$ は極大イデアルであるので，$\mathfrak{m} = \mathfrak{p} \in \operatorname{Ass} A$ となる． □

3.2 次元論

可換環論では，環に付随した様々な不変量が登場する．最も根源的な次元について考察しよう．

Artin 環

まず，Artin 環について考察しよう．以下，A は環とする．

定義 3.35

環 A がイデアルに関する降鎖律を満たすとき，A は **Artin 環**であるという．即ち，$I_1 \supseteq I_2 \supseteq \cdots \supseteq I_i \supseteq \cdots$ が A のイデアルの降鎖なら，番号 $k \geq 1$ をとって，任意の $i \geq k$ について

$I_k = I_i$ が成り立つようにできることをいう.

この条件は，A のイデアルよりなる，空でないいかなる集合も，包含関係に関する極小元を含むことと同値である.

補題 3.36

A は極大イデアル $\mathfrak{m}$ を持つ局所環であって，$\mathfrak{m}$ は冪零，即ち，$\mathfrak{m}^n = (0)$ がある整数 $n \geq 1$ に対し成り立つと仮定せよ．このとき，$\mathfrak{m}$ が有限生成なら，A は Artin 環である.

[証明]　$n = 1$ なら，A は体であって，自明なイデアルしか含まず，Artin 環である．$n > 1$ とし，$n - 1$ まで主張は正しいと仮定し

$$I_1 \supseteq I_2 \supseteq \cdots \supseteq I_i \supseteq \cdots$$

を A 内のイデアルの降鎖とする．$\mathfrak{m}{\cdot}\mathfrak{m}^{n-1} = (0)$ であるから，$\mathfrak{m}^{n-1}$ は体 $A/\mathfrak{m}$ 上の有限次元ベクトル空間である.（体 $A/\mathfrak{m}$ の加法群 $\mathfrak{m}^{n-1}$ への作用は，$a \in A$ と $x \in \mathfrak{m}^{n-1}$ に対し，$\overline{a}x = ax$ と定める．ここで $\overline{a}$ は，a の $A/\mathfrak{m}$ 内での像を表す.）$\{I_i \cap \mathfrak{m}^{n-1}\}_{i\geq 1}$ はベクトル空間 $\mathfrak{m}^{n-1}$ の部分空間の降鎖であるから，部分空間の次元を考察することにより，十分大なる番号 $k \geq 1$ では，任意の $i \geq k$ に対し $I_k \cap \mathfrak{m}^{n-1} = I_i \cap \mathfrak{m}^{n-1}$ が成り立つことがわかる.

一方で，$\left(\mathfrak{m}/\mathfrak{m}^{n-1}\right)^{n-1} = (0)$ であるから，n についての仮定により，局所環 $A/\mathfrak{m}^{n-1}$ は，Artin 環である．$\left\{\left(I_i + \mathfrak{m}^{n-1}\right)/\mathfrak{m}^{n-1}\right\}_{i\geq k}$ は $A/\mathfrak{m}^{n-1}$ 内のイデアルの降鎖であるから，十分大なる番号 $\ell \geq k$ を見つけて，$i \geq \ell$ である限り必ず等式 $\left(I_\ell + \mathfrak{m}^{n-1}\right)/\mathfrak{m}^{n-1} = \left(I_i + \mathfrak{m}^{n-1}\right)/\mathfrak{m}^{n-1}$ が成り立つようにすることができる．故に $i \geq \ell$ ならば，$I_\ell + \mathfrak{m}^{n-1} = I_i + \mathfrak{m}^{n-1}$ であるので，命題 3.3 より $I_i = I_i \cap \left(I_\ell + \mathfrak{m}^{n-1}\right) = I_\ell + \left(I_i \cap \mathfrak{m}^{n-1}\right)$ が成り立つ．$I_i \cap \mathfrak{m}^{n-1} = I_\ell \cap \mathfrak{m}^{n-1}$

であるので，等式 $I_i = I_\ell + \left(I_\ell \cap \mathfrak{m}^{n-1}\right) = I_\ell$ が従う．故に，A は Artin 環である． □

補題 3.37

A は Artin 環とする．次の主張が正しい．

(1) A が整域なら A は体である．

(2) A の素イデアルは極大イデアルであって，$\operatorname{Spec} A$ は有限集合である．

[証明] A が Artin 整域で $0 \neq a \in A$ なら，$(a^n) = (a^{n+1})$ となる整数 $n > 0$ が存在し，ある $x\,(\in A)$ に対し $a^n = xa^{n+1}$ となり，$a^n(1-ax) = 0$，即ち $1 = ax$ が得られ，A は体であることが従う．$P \in \operatorname{Spec} A$ なら，A/P は Artin であるから A/P は体をなし，P が極大イデアルであることが従う．$\operatorname{Spec} A$ が無限集合なら，相異なる極大イデアルの族 $\{\mathfrak{m}_i\}_{i \geq 1}$ をとって，A のイデアルの真の降鎖 $\mathfrak{m}_1 \supsetneq \mathfrak{m}_1 \cap \mathfrak{m}_2 \supsetneq \mathfrak{m}_1 \cap \mathfrak{m}_2 \cap \mathfrak{m}_3 \supsetneq \cdots \supsetneq \bigcap_{i=1}^{n} \mathfrak{m}_i \supsetneq \cdots$ を得る[9]．故に，A が Artin 環なら，$\operatorname{Spec} A$ は有限集合である． □

A の極大イデアルの集合を $\operatorname{Max} A$ で表す．

定理 3.38

次の条件は同値である．

(1) A は Artin 環である．

(2) A は Noether 環であって，$\operatorname{Spec} A = \operatorname{Max} A$ である．

9) 問題 1.50 参照．

[証明]　(1) ⇒ (2): まず，Artin 局所環は Noether 環であることを示そう．A を Artin 局所環，$\mathfrak{m}$ をその極大イデアルとする．このとき次の主張が正しい．

補題 3.39

$\mathfrak{m}$ は冪零である．

[証明]　(**[1, Proposition 8.4]**) イデアルの降鎖 $\{\mathfrak{m}^i\}_{i \geq 0}$ を考えることによって，整数 $k \geq 1$ を選んで，$\forall i \geq k$ に対し等式 $\mathfrak{m}^k = \mathfrak{m}^i$ が成り立つようにすることができる．$I = \mathfrak{m}^k$ とおき，$I \neq (0)$ と仮定する．

$$\mathcal{S} = \{J \mid J \text{ は } A \text{ のイデアルで，} JI \neq (0) \text{ を満たす}\}$$

とおくと，整数 k の選び方により $I = I^2 \neq (0)$ となるので，$I \in \mathcal{S}$ である．A は Artin であるから，集合 $\mathcal{S}$ は包含関係について極小な元 J を含む．$JI \neq (0)$ であるので，元 $x \in J$ をとって，$xI \neq (0)$ とすることができるが，$(x) \subseteq J$ であるから，イデアル J の極小性より，$J = (x)$ が従う．一方で，$I = I^2$ より，$(0) \neq xI = xI^2$ であるから，$xI \in \mathcal{S}$ であって $xI \subseteq J = (x)$ より，$xI = (x)$ が従う．$x = xi$ $(i \in I)$) と表せば，$(1-i)x = 0$ であるが，$i \in I \subseteq \mathfrak{m}$ であるから，$1 - i \in A^\times$ であって，$x = 0$ となる．$JI \neq (0)$ であるから，不可能である．　□

定理 3.38 の証明を続けよう．$\mathfrak{m}$ は冪零であるから，補題 3.36 より，A が Noether 環であることを示すには，イデアル $\mathfrak{m}$ が有限生成であることを示せば十分である．整数 $n \geq 1$ を $\mathfrak{m}^n = (0)$ にとる．$n = 1$ なら，A は体であって，確かに Noether 環である．$n > 1$ とし，$n - 1$ までは我々の主張は正しいと仮定しよう．$A/\mathfrak{m}^{n-1}$ は Artin 局所環で，$(\mathfrak{m}/\mathfrak{m}^{n-1})^{n-1} = (0)$ であるから，$n-1$ についての仮定より，その極大イデアル $\mathfrak{m}/\mathfrak{m}^{n-1}$ は有限生成である．一方で，$\mathfrak{m}\cdot\mathfrak{m}^{n-1} = (0)$ であって A は Artin 環であるから，体 $A/\mathfrak{m}$ 上のベクトル空間 $\mathfrak{m}^{n-1}$ は部分空間の真の減少列を含まない．即ち $\mathfrak{m}^{n-1}$ は $A/\mathfrak{m}$ 上有限次元のベクトル空間であって，A のイデアルとしても有限生成である．$\mathfrak{m}^{n-1}$ と $\mathfrak{m}/\mathfrak{m}^{n-1}$ がともに有限生成であるので，$\mathfrak{m}$ も有限生成であることが従う．故に A は Noether 環である．

次に，$I_1 \subseteq I_2 \subseteq \cdots \subseteq I_i \subseteq \cdots$ は，必ずしも局所環ではない Artin 環 A 内のイデアルの昇鎖とする．$\mathfrak{m} \in \operatorname{Max} A$ とする．局所環 $A_\mathfrak{m}$ は Artin であって，したがって Noether である．$\operatorname{Max} A$ は有限であるので，$A_\mathfrak{m}$ 内の拡大イデアルの昇鎖 $\{I_i{}^e = I_iA_\mathfrak{m}\}_{i\geq 1}$ を考察すれば，整数 $k \geq 1$ を選んで，$i \geq k$ である限り全ての $\mathfrak{m} \in \operatorname{Max} A$ に対し等式 $I_kA_\mathfrak{m} = I_iA_\mathfrak{m}$ が成り立つようにすることができる．このとき，$i \geq k$ なら等式 $I_k = I_i$ が成り立つ．実際，$I_k \subsetneq I_i$ なら，$x \in I_i$ を $x \notin I_k$ であるように取って $\mathfrak{a} = I_k : x$ とおけば，$\mathfrak{a} \neq A$ であるから，$\mathfrak{a} \subseteq \mathfrak{m}$ を満たす $\mathfrak{m} \in \operatorname{Max} A$ が存在する．一方で，$\dfrac{x}{1} \in I_iA_\mathfrak{m} = I_kA_\mathfrak{m}$ であるから，元 $s \in A \setminus \mathfrak{m}$ を見つけて $sx \in I_k$ が成り立つようにできるはずである．このとき，$s \in I_k : x = \mathfrak{a}$ であるから，$s \in \mathfrak{m}$ が従うが，不可能である．故に，いかなる昇鎖 $\{I_i\}_{i\geq 1}$ も，十分大なる $k \geq 1$ に対し $I_k = I_{k+1} = \cdots$ が成り立ち，A は Noether 環であることを得る．

(2) $\Rightarrow$ (1): 集合 $\operatorname{Max} A$ は有限であるので，(1) $\Rightarrow$ (2) の証明と同様の理由により，A は局所環としてよいことがわかる．$\mathfrak{m}$ を A の極大イデアルとすれば，$\mathfrak{m}$ は有限生成であって $\operatorname{Spec} A = \{\mathfrak{m}\}$ であるから，十分大きな整数 $n \geq 1$ に対し $\mathfrak{m}^n = (0)$ となる．故に補題 3.36 より A は Artin 環である． □

系 3.40

Artin 環 A 内では $\mathrm{J}(A) = \sqrt{(0)}$ である．故に $\mathrm{J}(A)$ は冪零である．

問題 3.41

整数 $n \geq 1$ に対し $A_n = \mathbb{Z}/2\mathbb{Z}$ とおき，$A = \prod_{n \geq 1} A_n$ （直積）とする．次の主張が正しいことを証明せよ．

(1) いかなる $f \in A$ についても，$f^2 = f$ である．

(2) いかなる $P \in \operatorname{Spec} A$ についても，$A_P \cong \mathbb{Z}/2\mathbb{Z}$ である．したがって，局所環 A_P は体である．

(3) $\operatorname{Spec} A = \operatorname{Max} A$ が成り立つが，A は Artin 環ではない．

補題 3.42　中国剰余定理（Chinese Remainder Theorem）

(1) I, J は A のイデアルとする．このとき，$I + J = A$ なら $IJ = I \cap J$ である．

(2) $\{I_i\}_{1 \leq i \leq n}$ は A のイデアルで，$i \neq j$ なら $I_i + I_j = A$ が成り立つと仮定せよ．このとき，環準同型写像

$$\varphi : A \to \prod_{i=1}^{n} A/I_i, \ \ \varphi(a) = (a \bmod I_i)_{1 \leq i \leq n}$$

は全射で，$\operatorname{Ker} \varphi = \bigcap_{i=1}^{n} I_i$ である．

[証明]　(1) $a \in I$ と $b \in J$ を取り $1 = a + b$ と表せば，$\forall x \in I \cap J$ に対し $x = ax + bx \in IJ$ となり，$I \cap J = IJ$ が従う．

(2) 写像 φ が全射であることを示せば十分である．$n = 2$ とし $1 = a_1 + a_2$ $(a_i \in I_i)$ と書くと，$x_1, x_2 \in A$ に対し $\varphi((x_1 - x_1 a_1) + (x_2 - x_2 a_2)) = (x_1 \mod I_1, x_2 \mod I_2)$ であるので，φ は全射であ

る．$n \geq 3$ であって $n-1$ まで我々の主張が正しいと仮定し $J = \bigcap_{i=2}^{n} I_i$ とおくと，$I_1 + J = A$ である．実際，$I_1 + J \neq A$ なら，A の極大イデアル $\mathfrak{m}$ を $I_1+J \subseteq \mathfrak{m}$ と取ると，$\mathfrak{m}$ は素イデアルで $\prod_{i=2}^{n} I_i \subseteq J \subseteq \mathfrak{m}$ であるから，$I_i \subseteq \mathfrak{m}$ がある $2 \leq i \leq n$ に対して成り立ち（命題 1.50 参照），$I_1 + I_i \subseteq \mathfrak{m}$ となるが，不可能である．故に，写像 $\varphi_1 : A \to A/I_1 \times A/J$, $\varphi_1(a) = (a \mod I_1,\ a \mod J)$ は全射である．一方で，写像

$$\varphi_2 : A \to \prod_{i=2}^{n} A/I_i,\ \varphi_2(a) = (a \mod I_i)_{2 \leq i \leq n}$$

は n についての仮定により全射であるので，写像

$$\varphi_3 = id_{A/I_1} \times \varphi_2 : A/I_1 \times A/J \to A/I_1 \times \prod_{i=2}^{n} A/I_i = \prod_{i=1}^{n} A/I_i$$

も全射となる．故に合成 $\varphi = \varphi_3 \cdot \varphi_1$ は全射である．□

定理 3.43　Artin 環の構造定理

A が Artin 環ならば，環準同型写像

$$\varphi : A \to \prod_{\mathfrak{m} \in \mathrm{Max}\, A} A_{\mathfrak{m}},\ a \mapsto \left(\frac{a}{1} \in A_{\mathfrak{m}}\right)_{\mathfrak{m} \in \mathrm{Max}\, A}$$

は同型である．したがって，Artin 環は有限個の Artin 局所環の直積と同型である．

[証明]　A は Artin 環であるから，$\mathrm{Ass}\, A = \mathrm{Max}\, A$ となる．$\mathrm{Max}\, A = \{\mathfrak{m}_1, \mathfrak{m}_2, \ldots, \mathfrak{m}_n\}$ $(n = \sharp \mathrm{Max}\, A)$ とし，A 内でイデアル (0) の無駄のない準素分解

$$(0) = \bigcap_{i=1}^{n} Q_i$$

を，各 $1 \leq i \leq n$ について $\mathfrak{m}_i = \sqrt{Q_i}$ が成り立つようにとる．すると $i \neq j$ なら，$\mathfrak{m}_i + \mathfrak{m}_j = A$ であるので $Q_i + Q_j = A$ が従い，補題 3.42 によって環準同型写像

$$\Phi : A \to \prod_{i=1}^{n} A/Q_i, a \mapsto (a \mod Q_i)_{1 \leq i \leq n}$$

は同型である．$\varphi_i : A \to A_{\mathfrak{m}_i}, \varepsilon_i : A \to A/Q_i$ を自然な写像とし，$s \in A \setminus \mathfrak{m}_i$ とすれば，A/Q_i は極大イデアルが $\mathfrak{m}_i/Q_i$ であるような局所環であるから，元 $\varepsilon_i(s) = s \mod Q_i$ は A/Q_i 内で単元となり，環準同型写像 $\psi_i : A_{\mathfrak{m}_i} \to A/Q_i$ が等式 $\varepsilon_i = \psi_i \cdot \varphi_i$ を満たすように定まって，次の可換図形が得られる（定理 1.89 参照）：

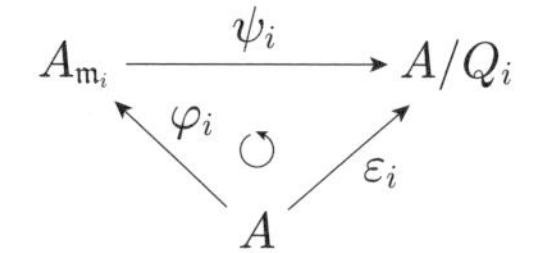

ε_i が全射であるから，ψ_i も全射である．

写像 $\psi_i : A_{\mathfrak{m}_i} \to A/Q_i$ が単射であることを示そう．$y \in \operatorname{Ker} \psi_i$ なら，y は $a \in A$ と $s \in A \setminus \mathfrak{m}_i$ を取って $y = \dfrac{a}{s}$ と表わせるから，$\psi_i(y) = \overline{a} \cdot \overline{s}^{-1} = 0$ より，$a \in Q_i$ となる（但し，$\overline{a} = a \mod Q_i, \overline{s} = s \mod Q_i$ である）．故に，$\dfrac{a}{1} \in Q_i A_{\mathfrak{m}_i} = (0)$ であるから，$y = \dfrac{a}{s} = 0$ が得られ，写像 ψ_i が単射であることが従う．□

問題 3.44

A は Noether 環とする．A の全商環が Artin 環であるための

必要十分条件は，任意の $\mathfrak{p} \in \operatorname{Ass} A$ について $\operatorname{ht}_A \mathfrak{p} = 0$ である[10] ことを確かめよ．

問題 3.45

A は Noether 環で任意の $\mathfrak{p} \in \operatorname{Ass} A$ について $\operatorname{ht}_A \mathfrak{p} = 0$ とする．このとき，A の任意の積閉集合 S について $\mathrm{Q}(S^{-1}A) = S^{-1}(\mathrm{Q}(A))$ が成り立つことを確かめよ．ここで，与えられた可換環 R に対し $\mathrm{Q}(R)$ は R の全商環を表す．

Noether 環の次元

A は Noether 環とする．

$I = \bigcap_{i=1}^{n} Q_i$ を A のイデアル I の無駄のない準素分解とする．$P \in \operatorname{Spec} A$ が $P \supseteq I$ を満たすための必要十分条件は，ある $1 \leq i \leq n$ に対し $P \supseteq Q_i$，即ち $P \supseteq P_i = \sqrt{Q_i}$ が成り立つことである．故に集合 $\mathrm{V}(I)$ の包含関係に関する極小元は I の極小素因子である．I の極小素因子全体のなす集合を $\operatorname{Min}_A A/I$ で表す．即ち

$$\operatorname{Min}_A A/I = \{P \in \mathrm{V}(I) \mid P \text{ は } \mathrm{V}(I) \text{ 内で包含関係について極小 }\}$$

とおく．$\operatorname{Min}_A A/I \subseteq \operatorname{Ass}_A A/I$ であるから $\operatorname{Min}_A A/I$ は有限集合となる．特に

$$\operatorname{Min} A = \{P \in \operatorname{Spec} A \mid P \text{ は } \operatorname{Spec} A \text{ 内で包含関係について極小 }\}$$

と定める．$\operatorname{Min} A \subseteq \operatorname{Ass} A$ である．

10） $\operatorname{ht}_A \mathfrak{p}$ については定義 3.47 を参照．

補題 3.46

A は極大イデアルが $\mathfrak{m}$ であるような局所環とし，$f \in \mathfrak{m}$，$\mathfrak{p} \in \operatorname{Spec} A$ とする．このとき，$\mathfrak{m} = \sqrt{(f)}$ であってかつ $\mathfrak{p} \subsetneq \mathfrak{m}$ なら，$\mathfrak{p} \in \operatorname{Min} A$ である．

[証明]　整数 $\ell \geq 1$ に対し $\mathfrak{p}^{(\ell)} = \mathfrak{p}^\ell A_\mathfrak{p} \cap A$ とおく．即ち

$$\mathfrak{p}^{(\ell)} = \{a \in A \mid \text{ある } s \in A \setminus \mathfrak{p} \text{ があって } sa \in \mathfrak{p}^\ell\}$$

である．$\mathfrak{p}^{(\ell)}$ は $\mathfrak{p}$-準素イデアルで $\mathfrak{p}^\ell \subseteq \mathfrak{p}^{(\ell)}$ が成り立つ．$\mathfrak{p}^{(\ell+1)} \subseteq \mathfrak{p}^{(\ell)}$ であるから，$\{[\mathfrak{p}^{(\ell)} + (f)]/(f)\}_{\ell \geq 1}$ は Artin 局所環 $A/(f)$ 内で降鎖をなし，等式 $\mathfrak{p}^{(\ell)} + (f) = \mathfrak{p}^{(\ell+1)} + (f)$ を満たす整数 $\ell \geq 1$ を得る．$f \notin \mathfrak{p}$ であって $\mathfrak{p}^{(\ell)}$ は $\mathfrak{p}$-準素であるから，$\mathfrak{p}^{(\ell)} \cap (f) = f\mathfrak{p}^{(\ell)}$ である．故に

$$\mathfrak{p}^{(\ell)} = \mathfrak{p}^{(\ell)} \cap [\mathfrak{p}^{(\ell+1)} + (f)] = \mathfrak{p}^{(\ell+1)} + [\mathfrak{p}^{(\ell)} \cap (f)] = \mathfrak{p}^{(\ell+1)} + f\mathfrak{p}^{(\ell)}$$

となり，Krull-東屋の補題（命題 3.10）より $\mathfrak{p}^{(\ell)} = \mathfrak{p}^{(\ell+1)}$ が従う．よって，$\mathfrak{p}^\ell A_\mathfrak{p} = \mathfrak{p}^{\ell+1} A_\mathfrak{p}$ であるから $(\mathfrak{p}A_\mathfrak{p})^\ell = (0)$ となり，$A_\mathfrak{p}$ は Artin 環，即ち $\mathfrak{p} \in \operatorname{Min} A$ であることを得る．　□

定義 3.47

A の素イデアル $\mathfrak{p}$ に対し

$$\operatorname{ht}_A \mathfrak{p} = \sup\{n \geq 0 \mid \exists\, \mathfrak{p}_0 \subsetneq \mathfrak{p}_1 \subsetneq \cdots \subsetneq \mathfrak{p}_n = \mathfrak{p} \text{ in } \operatorname{Spec} A\}$$

と定め，$\mathfrak{p}$ の高さと呼ぶ．

$(A, \mathfrak{m})$ が局所環で $\mathfrak{m} = \sqrt{(f)}$ を満たす $f \in \mathfrak{m}$ が存在するなら，$\operatorname{ht}_A \mathfrak{m} \leq 1$ である（補題 3.46）．

次の結果は古典的なイデアル論で最も深い結果である．異なるや

り方で証明をつけることもできるが，ここでは伝統的な方法を採用しよう．

定理 3.48 **W. Krull の標高定理**

A のイデアル I が n 個の元 $f_1, f_2, \ldots, f_n$ $(n \geq 0)$ で生成されるなら，任意の $\mathfrak{p} \in \mathrm{Min}_A A/I$ に対し $\mathrm{ht}_A \mathfrak{p} \leq n$ が成り立つ．

[証明] 局所化 $A_\mathfrak{p}$ を通し，A は極大イデアル $\mathfrak{m}$ を持つ局所環で，$\mathfrak{m} \in \mathrm{Min}_A A/I$ が成り立つと仮定してよい．$\mathrm{ht}_A \mathfrak{m} \leq n$ であることを示す．$n \geq 2$ であって $n-1$ 以下まで正しいと仮定せよ．$\mathrm{ht}_A \mathfrak{m} \geq n+1$ なら，素イデアルの列 $\mathfrak{m} = \mathfrak{p}_{n+1} \supsetneq \mathfrak{p}_n \supsetneq \cdots \supsetneq \mathfrak{p}_0$ が存在する．$I_i = (f_1, f_2, \ldots, f_i)$ $(0 \leq i \leq n)$，$\mathfrak{q} = \mathfrak{p}_n$ とし，イデアルの列

$$\mathfrak{q} + I = \mathfrak{q} + I_n \supseteq \mathfrak{q} + I_{n-1} \supseteq \cdots \supseteq \mathfrak{q} = \mathfrak{q} + I_0$$

を考える．$\mathfrak{m}$ はイデアル $\mathfrak{q} + I_n$ の極小素因子であるので，$\mathfrak{m} = \sqrt{\mathfrak{q} + I_n}$ が成り立つ．そこで $\mathfrak{m} = \sqrt{\mathfrak{q} + I_i}$ となる整数 $0 \leq i \leq n$ を最小に取る．すると，$\mathfrak{m} \supsetneq \mathfrak{q}$ であるから $1 \leq i$ であり，$\mathfrak{m}$ はイデアル $\mathfrak{q} + I_{i-1}$ の極小素因子ではない．$\mathfrak{q} + I_{i-1}$ の極小素因子 $\mathfrak{p}$ を取れば，$\mathfrak{m} = \sqrt{\mathfrak{q} + I_i}$ であって $\mathfrak{q} + I_i \subseteq \mathfrak{p} + (f_i) \subseteq \mathfrak{m}$ であるから，整数 $\ell \geq 1$ を $\mathfrak{m}^\ell \subseteq \mathfrak{p} + (f_i)$ となるように選ぶことができる．

$$f_j^\ell = p_j + a_j f_i$$

$(p_j \in \mathfrak{p}, a_j \in A, i < j \leq n)$ とし，$J = I_{i-1} + (p_j \mid i < j \leq n)$ とおくと，$f_j^\ell \in J + (f_i)$ が成り立ち，$I \subseteq \sqrt{J + (f_i)}$ となる．即ち，剰余類環 A/J 内で $\mathfrak{m}/J = \sqrt{(\overline{f_i})}$ が得られ，$J \subseteq \mathfrak{p} \subsetneq \mathfrak{m}$ であるから $\mathfrak{m}/J \supsetneq \mathfrak{p}/J$ であって，補題 3.46 より，素イデアル $\mathfrak{p}/J$ は A/J 内で極小であることが従う．故に，$\mathfrak{p}$ は J の極小素因子となり，帰納法の

仮定から

$$\mathrm{ht}_A\,\mathfrak{p} \leq (i-1)+(n-i)=n-1$$

が従うが，$\mathfrak{p} \supseteq \mathfrak{q}$ であって $\mathrm{ht}_A\,\mathfrak{q} \geq n$ であるので，これは不可能である． □

この定理から Noether 環内の素イデアルの高さは有限であることが従う．

定義 3.49

$$\dim A = \sup_{\mathfrak{p} \in \operatorname{Spec} A} \mathrm{ht}_A\,\mathfrak{p}$$

とおき，これを A の**次元**と呼ぶ．即ち

$$\dim A = \sup\{n \geq 0 \mid \exists\ \mathfrak{p}_0 \subsetneq \mathfrak{p}_1 \subsetneq \cdots \subsetneq \mathfrak{p}_n \text{ in } \operatorname{Spec} A\}$$

である．

環 B が A の準同型像であれば，$\dim A \geq \dim B$ が成り立つ．著者には驚くべきことに思えるのであるが，Noether 局所環の次元は必ず有限であるが，一般には **Noether 環の次元は有限とは限らない**[11)]．A が極大デアルが $\mathfrak{m}$ を持つ局所環であれば，$\dim A = \mathrm{ht}_A\,\mathfrak{m}$ であって，$d = \dim A$ は非負整数となる．$\mathfrak{p} \in \operatorname{Spec} A$ なら，等式

$$\mathrm{ht}_A\,\mathfrak{p} = \mathrm{ht}_{A_\mathfrak{p}}\,\mathfrak{p}A_\mathfrak{p} = \dim A_\mathfrak{p}$$

が成り立つ．

11) 永田雅宜先生が構成した例がある．

定義 3.50

A のイデアル I $(\neq A)$ に対し $\mathrm{ht}_A I = \min_{\mathfrak{p} \in \mathrm{V}(I)} \mathrm{ht}_A \mathfrak{p}$ と定め，イデアル I の高さと呼ぶ.

命題 3.51

I が高さ n のイデアルなら，I 内には n 個の元 $f_1, f_2, \ldots, f_n$ が存在し，全ての整数 $0 \leq i \leq n$ に対して等式 $\mathrm{ht}_A(f_1, f_2, \ldots, f_i) = i$ が成り立つ.

[証明] イデアル I 内に $i \quad (< n)$ 個の元 $f_1, f_2, \ldots, f_i$ が既に選ばれていて，等式

$$\mathrm{ht}_A(f_1, f_2, \ldots, f_j) = j$$

が $1 \leq \forall j \leq i$ に対し成り立っていると仮定せよ．$J = (f_1, f_2, \ldots, f_i)$ を含み $\mathrm{ht}_A \mathfrak{p} = i$ を持つ素イデアル $\mathfrak{p}$ は，J の極小素因子であるから有限個しか存在せず，I を含むことがない．故に，元 $f_{i+1} \in I$ を $f_{i+1} \notin \bigcup_{\mathfrak{p} \in \mathrm{V}(J), \mathrm{ht}_A \mathfrak{p} = i} \mathfrak{p}$ となるよう選べば，定理 3.48 より等式 $\mathrm{ht}_A(f_1, f_2, \ldots, f_{i+1}) = i + 1$ が従う． □

系 3.52

A が極大イデアル $\mathfrak{m}$ を持つ次元 d の局所環なら，等式 $\mathfrak{m} = \sqrt{(f_1, f_2, \ldots, f_d)}$ が成り立つような d 個の元 $f_1, f_2, \ldots, f_d \in \mathfrak{m}$ が存在する.

定義 3.53

A は極大イデアル $\mathfrak{m}$ を持つ局所環とし $d = \dim A$ とおく．元 $f_1, f_2, \ldots, f_d \in \mathfrak{m}$ に対し等式

$$\mathfrak{m} = \sqrt{(f_1, f_2, \ldots, f_d)}$$

が成り立つ，即ち，等式 $\dim A/(f_1, f_2, \ldots, f_d) = 0$ が成り立つとき，$f_1, f_2, \ldots, f_d$ は A の巴系であるという．

A は局所環とし $d = \dim A$ とせよ．

$$\operatorname{Assh} A = \{\mathfrak{p} \in \operatorname{Spec} A \mid \dim A = \dim A/\mathfrak{p}\}$$

とおく．$\operatorname{Assh} A \subseteq \operatorname{Min} A \subseteq \operatorname{Ass} A$ である．A 内には長さ d の素イデアルの列

$$\mathfrak{p}_0 \subsetneq \mathfrak{p}_1 \subsetneq \cdots \subsetneq \mathfrak{p}_d = \mathfrak{m}$$

が含まれていて，必ず $\mathfrak{p}_0 \in \operatorname{Assh} A$ であるから，$\operatorname{Assh} A$ は空でない．

定理 3.54

$f \in \mathfrak{m}$ とせよ．次の主張が正しい．

(1) $d - 1 \leq \dim A/(f) \leq d$.

(2) $\dim A/(f) = d - 1$ であるための必要十分条件は，元 f がいかなる $\mathfrak{p} \in \operatorname{Assh} A$ にも含まれないことである．このとき f は A の巴系に拡大される．

[証明]　$\overline{A} = A/(f)$ とおく．$\dim \overline{A} \leq d$ である．$\dim \overline{A} \leq d-2$ なら，$\mathfrak{m}$ 内に $d-2$ 個の元 $g_1, g_2, \ldots, g_{d-2}$ を取って $\dim A/[(f)+(g_1, g_2, \ldots, g_{d-2})] = 0$ が成り立つようにできる．即ち

$$\mathfrak{m} = \sqrt{(f) + (g_1, g_2, \ldots, g_{d-2})}$$

であるから，定理 3.48 より，不可能な評価 $d = \dim A = \mathrm{ht}_A \mathfrak{m} \leq d-1$ が得られる．$f \in \mathfrak{p}$ がある $\mathfrak{p} \in \mathrm{Assh}\, A$ に対して成り立つなら，$A/\mathfrak{p}$ は $\overline{A}$ の準同型像であって $d = \dim A/\mathfrak{p} \leq \dim \overline{A}$ となり，等式 $\dim \overline{A} = d$ が得られる．逆に，$\dim \overline{A} = d$ なら，$\overline{\mathfrak{p}} \in \mathrm{Assh}\, \overline{A}$ を取って $\overline{\mathfrak{p}} = \mathfrak{p}/(f)$ $(\mathfrak{p} \in \mathrm{Spec}\, A, f \in \mathfrak{p})$ と表すと，$A/\mathfrak{p} \cong \overline{A}/\overline{\mathfrak{p}}$ であるので，等式 $\dim A/\mathfrak{p} = \dim \overline{A}/\overline{\mathfrak{p}} = d$ が従い，$\mathfrak{p} \in \mathrm{Assh}\, A$ を得る．$\dim \overline{A} = d-1$ なら，$\overline{A}$ 内で巴系をなすような $f_2, f_3, \ldots, f_d \in \mathfrak{m}$ とあわせれば元 $f = f_1, f_2, \ldots, f_d$ は A 内で巴系をなす． □

系 3.55

A は極大イデアル $\mathfrak{m}$ を持つ局所環とする．$f \in \mathfrak{m}$ が非零因子なら，等式

$$\dim A/(f) = \dim A - 1$$

が成り立つ．

[証明] $\mathrm{Assh}\, A \subseteq \mathrm{Ass}\, A$ だからである． □

以上，イデアル論を中心にした可換環論の勘どころである．知識として足らないところはあるとしても，十分に出発点になってくれると信じている．発展部分を次に述べよう．

第 4 章

加群論を展開しよう

さて，これまでイデアル論を中心にしながら環構造論の基本（勘どころ）を述べてきたが，現代可換環論をより広く理解して先に進むには，どうしても加群論を避けて通ることができない．例えば，イデアルの構造をより深く知りたいと願うなら，イデアル論を加群論の枠組みの中で再構築し，環の内部構造を外部表現に帰着させることが必要だからである．homology 代数的手法はそのような手段の一つである．以下，迂遠に思えるかもしれないが，加群論から出発して地道に基礎理論を構築することにしよう．次のステップの勘どころである．かなり精緻で難しくもなるが，最終目標を第 7 章の系 7.9 において，どうか頑張って欲しい．

4.1　加群

以下，A は可換環とする．

加群と加群の準同型写像

加法的に書かれたアーベル群 M が **A-加群**であるとは，写像

$$\mu : A \times M \to M, \quad \mu(a, x) = ax$$

（この射 μ のことを環 A の加法群 M への作用という）が与えられていて，任意の $a, b \in A$, $x, y \in M$ について，次の等式が成り立つことをいう．

(1) $(a+b)x = ax + bx$,

(2) $a(x+y) = ax + ay$,

(3) $a(bx) = (ab)x$,

(4) $1x = x$.

M を A-加群とし，$a \in A$，$x, y \in M$ とすれば，$a0 = 0x = 0$, $a(-x) = (-a)x = -ax$，$a(x-y) = ax - ay$, $(a-b)x = ax - bx$ が成り立つ．

上の定義で M に対する環 A の作用は左から書かれていて，厳密には「M は左 **A-加群**である」と言うべきである．作用を右から考え xa と書いた場合，即ち右 **A-加群**の定義は次のようになる．

(1r) $x(a+b) = xa + xb$,

(2r) $(x+y)a = xa + ya$,

(3r) $(xa)b = x(ab)$,

(4r) $x = x1$.

我々が考えている環 A は可換であるから，右からの作用 xa によ

って左からの作用 ax を定めると，右加群は自動的に左加群にもなる[1]が，考えている環が可換でない場合には，左加群と右加群は同じではなく[2]，区別が必要である．以下では，特に断らないときは，加群はすべて左加群を表す．

L, M は A-加群，$\varphi : L \to M$ は写像とする．任意の $x, y \in L$ と $a \in A$ に対し，等式

$$\varphi(x+y) = \varphi(x) + \varphi(y), \quad \varphi(ax) = a\varphi(x)$$

が成り立つとき，φ は ***A*-線型**であるという．A-線型写像のことを ***A*-加群の射**，あるいは準同型写像と呼ぶこともある．線型写像の合成は線型である．環の準同型写像と同様に，核 $\mathrm{Ker}\,\varphi = \{x \in L \mid \varphi(x) = 0\}$ と像 $\mathrm{Im}\,\varphi = \{\varphi(x) \mid x \in L\}$ を定める．

L, M は A-加群とする．$\mathrm{Hom}_A(L, M)$ によって，L から M への A-線型写像の全体がなす集合を表す．さて，$f(x) = 0, \forall x \in L$ と定めると，$f \in \mathrm{Hom}_A(L, M)$ であるので，$\mathrm{Hom}_A(L, M) \neq \emptyset$ である．実際，$\mathrm{Hom}_A(L, M)$ は次の和と作用によって A-加群となる

$$(f+g)(x) = f(x) + g(x), \quad (af)(x) = af(x)$$

$(f, g \in \mathrm{Hom}_A(L, M),\, a \in A, x \in L)$．さらに，$\varphi : M \to N$ と $\psi : K \to L$ が A-線型写像であれば，線型写像 $\psi^* : \mathrm{Hom}_A(L, M) \to \mathrm{Hom}_A(K, M)$，$f \mapsto f \circ \psi$, $\varphi_* : \mathrm{Hom}_A(L, M) \to \mathrm{Hom}_A(L, N)$，$f \mapsto \varphi \circ f$ が得られる．

M は A-加群で $M \neq (0)$ とする．$\Lambda = \mathrm{Hom}_A(M, M)$ は写像の合成を演算に環をなす．Λ は一般には可換環ではない．各 $a \in A$ に対し写像 $\widehat{a} : M \to M$，$x \mapsto ax$ は A-線型写像であるから，写像 $f : A \to \Lambda$ を $f(a) = \widehat{a}$ によって定めると，f は環準同型写像であ

1) これを，対称に M を左加群とみなすということにする．

2) 条件 (3), $(3r)$ の違いが効いてくる．

って等式

$$f(a)\cdot\alpha = \alpha\cdot f(a)$$

が任意の $a \in A$ と $\alpha \in \Lambda$ について成り立つ.

問題 4.1

I は A のイデアルとする．環 A 内の積を用いてイデアル I を A-加群とみなす．イデアル I 内に 2 元 $x, y \in I$ で次の条件

$\boldsymbol{x}$ **は環** $\boldsymbol{A}$ **内で非零因子であって,**

$\boldsymbol{y}$ **は環** $\boldsymbol{A/(x)}$ **内で非零因子である**

を満たすものが含まれていれば，$f : A \to \mathrm{Hom}_A(I, I)$, $a \mapsto \widehat{a}$ は全単射であることを確かめよ.

アーベル群は自然に $\mathbb{Z}$-加群であり，ベクトル空間とは体上の加群のことである．環 A は A 内の積を作用にして A-加群となる．同様に，環 A のイデアル I はすべて A-加群である．整数 $n \geq 1$ に対し，環 A に成分をもつ n 項列ベクトルの全体

$$A^n = \left\{ \begin{pmatrix} a_1 \\ a_2 \\ \vdots \\ a_n \end{pmatrix} \middle| \, a_i \in A \right\}$$

は，自然に A-加群の構造を持つ．$\varphi : A \to B$ が環の準同型写像なら，B-加群 L は作用

$$ax = \varphi(a)x \quad (a \in A, x \in L)$$

によって，A-加群となる.

N は A-加群 M の空でない部分集合とする．任意の $x, y \in N$ と $a \in A$ について $x + y, ax \in N$ であるとき，N は M の **A-部分加群**であるという．線型写像の像と核は部分加群である．M の部分加群 N には M の加法と作用から導かれる A-加群の構造が入り，M の N による剰余類群 M/N には作用

$$a \cdot \overline{x} = \overline{ax} \quad (a \in A, x \in M)$$

によって A-加群の構造が入る[3]．このとき，もちろん自然な射 $\varepsilon : M \to M/N,\ x \mapsto \overline{x}$ は A-線型である．

L, M は A-加群とする．A-線型写像 $\varphi : L \to M$ の中に全単射，即ち同型写像であるものが少なくとも 1 つ存在するとき，L と M は同型であるといい，$L \cong M$ と書く．同型写像の逆写像は再び線型であるから，$\cong$ は A-加群の間の同値関係である．

次の主張が正しい．証明は群論における対応定理と同じであるので省く．

定理 4.2　加群の対応定理

M を A-加群，N を M の A-部分加群，$\varepsilon : M \to M/N$ を自然な A-線型写像とし，$\mathcal{X} = \{X \mid X$ は N を含む M の A-部分加群$\}$，$\mathcal{Y} = \{Y \mid Y$ は M/N の A-部分加群$\}$ とおく．このとき

$$\Phi(X) = \{\overline{x} \,|\, x \in X\}, \quad X \in \mathcal{X}$$

と定めることによって，集合 $\mathcal{X}$ と集合 $\mathcal{Y}$ の間に一対一対応 $\Phi : \mathcal{X} \to \mathcal{Y}$ が得られる．

3） 作用が well-defined であることに注意して欲しい．

M は A-加群，$x_1, x_2, \ldots, x_n \in M$ とする．M の部分加群

$$N = \left\{ \sum_{i=1}^{n} a_i x_i \,\middle|\, a_i \in A \right\}$$

を $\boldsymbol{x_1, x_2, \ldots, x_n}$ で生成された $\boldsymbol{M}$ の $\boldsymbol{A}$**-部分加群**と呼ぶ．もちろん，N は $x_1, x_2, \ldots, x_n$ を含む最小の部分加群である．より一般に，M の部分集合 S に対し $\mathcal{P} = \{L \mid L$ は S を含む M の部分加群$\}$ とおき，$(S) = \bigcap_{L \in \mathcal{P}} L$ と定め，S で生成された M の部分加群と呼ぶ．$S = \emptyset$ なら $(S) = (0)$ であって，$S \neq \emptyset$ なら

$$(S) = \left\{ \sum_{i=1}^{n} a_i x_i \,\middle|\, a_i \in A, x_i \in S \right\}$$

である．加群 M に対し，$M = (S)$ となる有限部分集合 S が存在するとき，M は**有限生成** A**-加群**であるという．

A-加群 A^n を考えよう．A^n の元 $\{\mathbf{e}_i\}_{1 \leq i \leq n}$ を $[\mathbf{e}_i]_j = \delta_{ij}$ によって定める[4)]と，$A^n = \sum_{i=1}^{n} A\mathbf{e}_i$ であって，どんな元 $x \in A^n$ も，$x = \sum_{i=1}^{n} a_i \mathbf{e}_i$ $(a_i \in A)$ という形に一意的に表される．線型写像 $\varphi : A^n \to A^m$ に対し，$\varphi(\mathbf{e}_j) = \sum_{i=1}^{\ell} a_{ij} \mathbf{e}_i$ によって A 内に成分を持つ $m \times n$ 行列 $C = [a_{ij}] \in \mathrm{M}_{mn}(A)$ を定めれば，等式 $\varphi(\mathbf{x}) = C\mathbf{x}$ が全ての $\mathbf{x} \in A^n$ について成立する．逆に，行列 $C \in \mathrm{M}_{mn}(A)$ を用いて $\varphi(\mathbf{x}) = C\mathbf{x}$ によって定まる写像 $\varphi : A^n \to A^m$ は，必ず A-線型である．このようにしてベクトル空間の理論と全く同様に，行列の集合 $\mathrm{M}_{mn}(A)$ と A-線型写像の集合 $\mathrm{Hom}_A(A^n, A^m)$ の間には，一対一対応があることが分かる．

---

4)　$[\mathbf{e}_i]_j$ はベクトル $\mathbf{e}_i$ の第 j-成分を表す．

問題 4.3

M は A-加群とする．M が有限生成であるための必要十分条件は，M がある整数 $n > 0$ に対し A^n の準同型像であることを示せ[5)]．

問題 4.4

L は A-加群 M の部分加群とする．L と M/L が有限生成なら，M も有限生成であることを示せ．

部分加群の和，零化イデアル

L は A-加群とする．L の部分加群の族 $\{M_i\}_{i\in I}$ に対し，$\bigcap_{i\in I} M_i$ は L の部分加群であり，

$$\sum_{i\in I} M_i = \left\{ \sum_{i\in I} x_i \;\middle|\; x_i \in M_i,\ \text{殆どすべての } i \text{ に対し } x_i = 0 \right\}$$

によって定まる L の部分集合は，L の A-部分加群である．部分加群 $\sum_{i\in I} M_i$ を $\{M_i\}_{i\in I}$ の和という[6)]．

I を環 A のイデアル，M, N を L の A-部分加群とする．集合

$$IM = \left\{ \sum_{i=1}^{n} a_i x_i \;\middle|\; a_i \in I, x_i \in M \right\}$$

は，L の A-部分加群である．$I = (a)$ なら $IM = \{ax \mid x \in M\}$ であって，これを単に aM と書くことが多い．また，集合

5) 命題 4.13 参照．

6) $I = \emptyset$ のときは，$\bigcap_{i\in I} M_i = L$，$\sum_{i\in I} M_i = (0)$ と考える．

$$N :_A M = \{a \in A \mid \text{すべての } x \in M \text{ に対して } ax \in N\}$$

は，環 A のイデアルである．特に，$(0) :_A L$ を L の零化イデアルと呼び，$\mathrm{Ann}_A L$ と表すことがある．イデアル I が $\mathrm{Ann}_A L$ に含まれるなら，加法群 L は $\overline{r}{\cdot}x = rx$ $(r \in A, x \in L)$ によって A/I-加群となる[7)]．$\mathrm{Ann}_A L = (0)$ であるとき，L は忠実 A-加群であるという．

問題 4.5　Krull-東屋の補題

$J = \mathrm{J}(A)$ とおき，M は有限生成 A-加群とする．このとき，$M = JM$ なら $M = (0)$ であることを証明せよ[8)]．

完全列

A-加群と A-線型写像の系列

$$\mathcal{C}: \quad \cdots \longrightarrow M_{i+1} \xrightarrow{f_{i+1}} M_i \xrightarrow{f_i} M_{i-1} \longrightarrow \cdots$$

を考える．すべての i について $f_i \circ f_{i+1} = 0$ が成り立つとき，系列 $\mathcal{C}$ は**鎖状複体**であるといい，すべての i について $\mathrm{Im}\, f_{i+1} = \mathrm{Ker}\, f_i$ が成り立つとき，この系列 $\mathcal{C}$ は**完全**であるという．系列 $\mathcal{C}$ が鎖状複体であるとき，各 $i \in \mathbb{Z}$ に対し $\mathrm{H}_i(\mathcal{C}) = \mathrm{Ker}\, f_i / \mathrm{Im}\, f_{i+1}$ とおいて，鎖状複体 $\mathcal{C}$ の i 番目の**（コ）ホモロジー**という．すべての鎖状複体 $\mathcal{C}$ は短い系列

$$0 \to \mathrm{Im}\, f_{i+1} \xrightarrow{i} M_i \xrightarrow{f'_i} \mathrm{Ker}\, f_{i-1} \to 0$$

に分解され，鎖状複体 $\mathcal{C}$ が完全であるための必要十分条件は，分

7)　環 A/I の L への作用が well-defined であることに注意してほしい．
8)　命題 3.10 の証明と同じである．

解して得られたすべての短い系列が完全であることである．ここで $i : \mathrm{Im}\, f_{i+1} \to M_i$ は埋め込み写像を表し，$f_i' : M_i \to \mathrm{Ker}\, f_{i-1}$ は f_i が導く線型写像を表す．

$\varphi : L \to M$ は A-線型写像とする．このとき，剰余加群 $\mathrm{Coker}\,\varphi = M/\mathrm{Im}\,\varphi$ を写像 φ の余核と呼ぶ．$\varepsilon : M \to \mathrm{Coker}\,\varphi$ を自然な写像とし，$\varphi' : L \to \mathrm{Im}\,\varphi$ は φ が導く線型写像とすると，写像 $\varphi : L \to M$ から三つの完全列

$$0 \to \mathrm{Ker}\,\varphi \xrightarrow{i} L \xrightarrow{\varphi} M \xrightarrow{\varepsilon} \mathrm{Coker}\,\varphi \to 0,$$

$$0 \to \mathrm{Ker}\,\varphi \xrightarrow{i} L \xrightarrow{\varphi'} \mathrm{Im}\,\varphi \to 0,$$

$$0 \to \mathrm{Im}\,\varphi \xrightarrow{i} M \xrightarrow{\varepsilon} \mathrm{Coker}\,\varphi \to 0$$

が得られる．さらに，次が正しい．

定理 4.6　加群の準同型定理

$\psi : M \to X$ は線型写像とする．$\psi \circ \varphi = 0$ なら，A-線型写像 $\xi : \mathrm{Coker}\,\varphi \to X$ が一意的に定まって等式 $\psi = \xi \circ \varepsilon$ が成り立つ．この射 ξ が同型であるための必要十分条件は，系列 $L \xrightarrow{\varphi} M \xrightarrow{\psi} X \to 0$ が完全であることである．

[証明]　群の準同型定理から，加法群の射 $\xi : \mathrm{Coker}\,\varphi \to X$ が $\psi = \xi \circ \varepsilon$ を満たすように一意的に定まる．この射 ξ は必ず A-線型である．

□

系 4.7

$\varphi : L \to M$ は A-線型写像とする．K は L の A-部分加群，N は M の A-部分加群とする．$\varphi(K) \subseteq N$ なら，次の図形

$$\begin{array}{ccc} L & \xrightarrow{\varphi} & M \\ {\scriptstyle\varepsilon}\downarrow & & \downarrow{\scriptstyle\varepsilon} \\ L/K & \xrightarrow{\overline{\varphi}} & M/N \end{array}$$

を可換にするような A-線型写像 $\overline{\varphi} : L/K \to M/N$ が導かれ，一意的に定まる．

[証明]　$(\varepsilon \circ \varphi)(K) = (0)$ であるので，定理 4.6 により $\overline{\varphi} : L/K \to M/N$ を得る．□

命題 4.8

M は A-加群，$0 \to X \xrightarrow{f} Y \xrightarrow{g} Z \to 0$ は A-加群の完全列とすると，A-加群の 2 つの完全列

(1)　$0 \to \mathrm{Hom}_A(M, X) \xrightarrow{f_*} \mathrm{Hom}_A(M, Y) \xrightarrow{g_*} \mathrm{Hom}_A(M, Z)$,

(2)　$0 \to \mathrm{Hom}_A(Z, M) \xrightarrow{g^*} \mathrm{Hom}_A(Y, M) \xrightarrow{f^*} \mathrm{Hom}_A(X, M)$

が得られる．

[証明]　(1) $g_* \circ f_* = (g \circ f)_* = 0$ である．$\alpha \in \mathrm{Hom}_A(M, X)$ で $f_*(\alpha) = f \circ \alpha = 0$ なら，f は単射なので $\alpha = 0$ が得られる．$\beta \in \mathrm{Hom}_A(M, Y)$ で $g_*(\beta) = g \circ \beta = 0$ なら $\beta(M) \subseteq f(X)$ であるから，各 $m \in M$ に対し $\beta(m) = f(x)$ となる $x \in X$ が一意的に定まる．写像 $\alpha : M \to X, m \mapsto x$ は A-線型で，$f \circ \alpha = \beta$ である．

(2) $f^* \circ g^* = (g \circ f)^* = 0$ である．$\alpha \in \mathrm{Hom}_A(Z, M)$ が $g^*(\alpha) = \alpha \circ g = 0$ なら，g は全射であるので $\alpha = 0$ である．$\beta \in \mathrm{Hom}_A(Y, M)$ が $f^*(\beta) = \beta \circ f = 0$ なら，定理 4.6 によって $\alpha \circ g = \beta$ となる $\alpha : Z \to M$ が一意的に定まり，$\beta = g^*(\alpha)$ となる．□

命題 4.9

L は A-加群，M, N は L の A-部分加群とする．次の主張が正しい．

(1) $(M+N)/N \cong M/(M \cap N)$ である．

(2) $N \subseteq M$ なら，M/N は L/N の A-部分加群であって，$(L/N)/(M/N) \cong L/M$ である．

［証明］ 合成射 $\varphi : M \xrightarrow{i} M+N \xrightarrow{\varepsilon} (M+N)/N$ は全射であって，$\mathrm{Ker}\,\varphi = M \cap N$ である．同様に，合成射 $\psi : L \xrightarrow{\varepsilon} L/N \xrightarrow{\varepsilon} (L/N)/(M/N)$ は全射であって，$\mathrm{Ker}\,\psi = M$ である． □

定理 4.10 蛇の補題

可換図形

$$\begin{array}{ccccccc} & & L_1 & \xrightarrow{\alpha} & M_1 & \xrightarrow{\beta} & N_1 & \longrightarrow & 0 \\ & & f\downarrow & & g\downarrow & & h\downarrow & & \\ 0 & \longrightarrow & L_2 & \xrightarrow{\varphi} & M_2 & \xrightarrow{\psi} & N_2 & & \end{array}$$

の行が完全なら，長完全列

$$\mathrm{Ker}\,f \to \mathrm{Ker}\,g \to \mathrm{Ker}\,h \xrightarrow{\Delta} \mathrm{Coker}\,f \to \mathrm{Coker}\,g \to \mathrm{Coker}\,h$$

が存在する．ここで，核から核への写像，余核から余核への写像はすべて自然に導かれる写像であって，例えば，$\alpha : L_1 \to M_1$ に対し，$\alpha' : \mathrm{Ker}\,f \to \mathrm{Ker}\,g$ は $\alpha'(x) = \alpha(x)$ と定め，$\overline{\varphi} : \mathrm{Coker}\,f \to \mathrm{Coker}\,g$ は $\overline{\varphi}(\overline{x}) = \overline{\varphi(x)}$ とする[9)]．A-線型写像 $\Delta : \mathrm{Ker}\,h \to \mathrm{Coker}\,f$ は連結射と呼ばれる．

9) 系 4.7 参照．

[証明]　連結射 $\Delta : \operatorname{Ker} h \to \operatorname{Coker} f$ の構成法だけは述べておこう．$x \in \operatorname{Ker} h$ を取ると，写像 β は全射であるから元 x の原像 $y \in M_1$ が存在する．$g(y) = z \in M_2$ とすれば，$\psi(z) = h(\beta(y)) = 0$ であるので，行の完全性から z の φ による原像 $u \in L_2$ を得る．この u を用いて $\Delta(x) = \overline{u}$ と定める．$y' \in M_1$ が $\beta(y') = x$ を満たしているとき，$g(y') = z'$ とおき，$u' \in L_2$ を $\varphi(u') = z'$ と取れば，$\beta(y - y') = 0$ であるから，$w \in L_1$ が存在して $\alpha(w) = y - y'$ となる．写像 φ は単射であるので，図形の可換性から $\varphi(f(w)) = z - z'$ であることが従い，余核 $\operatorname{Coker} f$ 内では $\overline{z} = \overline{z'}$ となり，写像 Δ が正しく定義されていることが確かめられる．□

直和と直積

A-加群の族 $\{M_i\}_{i \in I}$ を考える．$\prod_{i \in I} M_i = \{(x_i)_{i \in I} \mid x_i \in M_i\}$ を $\{M_i\}_{i \in I}$ の直積という．$\prod_{i \in I} M_i$ の部分集合

$$\bigoplus_{i \in I} M_i = \{(x_i)_{i \in I} \mid x_i \in M_i,\ \text{殆ど全ての } i \text{ に対して } x_i = 0\}$$

を $\{M_i\}_{i \in I}$ の直和という．直積 $\prod_{i \in I} M_i$ は自然な A-加群の構造

$$(x_i)_{i \in I} + (y_i)_{i \in I} = (x_i + y_i)_{i \in I}, \quad a \cdot (x_i)_{i \in I} = (ax_i)_{i \in I}$$

を持ち，直和 $\bigoplus_{i \in I} M_i$ は直積 $\prod_{i \in I} M_i$ の部分加群となる．

各 M_i から $\bigoplus_{i \in I} M_i$ への埋め込み写像を ξ_i で表し，$\prod_{i \in I} M_i$ から M_i への射影を p_i で表す．即ち，$z \in M_i$ に対し $x = \xi_i(z)$ は $x_i = z$，$x_\mu = 0\ (\mu \in I,\ \mu \neq i)$ によって定まる $\bigoplus_{i \in I} M_i$ の元であり，$x = (x_i)_{i \in I} \in \prod_{i \in I} M_i$ に対し $p_i(x) = x_i$ と定める．

ξ_i, p_i は A-線型写像であって，次の主張が正しい．

命題 4.11

X を A-加群とし，A-線型写像の族 $\{f_i : M_i \to X\}_{i\in I}$ が与えられていると仮定せよ．このとき，A-線型写像 $\varphi : \bigoplus_{i\in I} M_i \to X$ であって，すべての $i \in I$ に対し $f_i = \varphi\circ\xi_i$ となるものが一意的に定まる．即ち，全ての i に対して次の図形

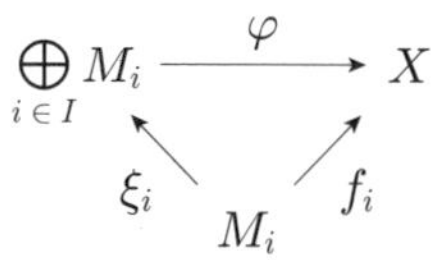

$$\begin{array}{ccc} \bigoplus_{i\in I} M_i & \xrightarrow{\varphi} & X \\ & \nwarrow^{\xi_i} \quad \nearrow_{f_i} & \\ & M_i & \end{array}$$

を可換にするような A-線型写像 $\varphi : \bigoplus_{i\in I} M_i \to X$ がただ一つ存在する．

命題 4.12

X を A-加群とし，A-線型写像の族 $\{f_i : X \to M_i\}_{i\in I}$ が与えられていると仮定せよ．このとき，A-線型写像 $\psi : X \to \prod_{i\in I} M_i$ であって，すべての $i \in I$ に対して $p_i \circ \psi = f_i$ となるものが一意的に定まる．即ち，全ての i に対して次の図形

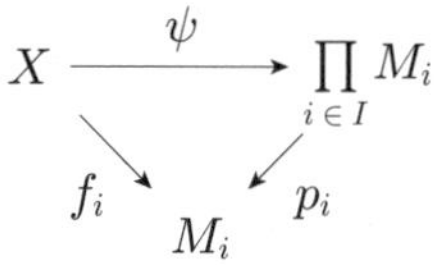

$$\begin{array}{ccc} X & \xrightarrow{\psi} & \prod_{i\in I} M_i \\ & \searrow^{f_i} \quad \swarrow_{p_i} & \\ & M_i & \end{array}$$

を可換にするような A-線型写像 $\psi : X \to \prod_{i\in I} M_i$ がただ一つ存在する．

M_i がすべて A-加群 M の部分加群である場合を考え，埋め込み写像を $\iota_i : M_i \to M$ で表すと，可換図式

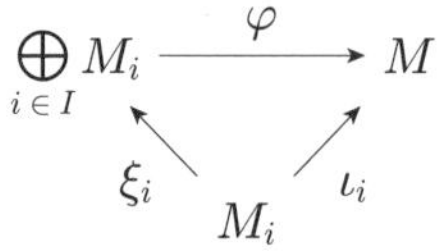

$$\begin{array}{ccc} \bigoplus_{i\in I} M_i & \xrightarrow{\varphi} & M \\ \xi_i \nwarrow & & \nearrow \iota_i \\ & M_i & \end{array}$$

が得られる．この図形内の写像 φ が単射であるとき，部分加群の族 $\{M_i\}_{i\in I}$ は $\boldsymbol{M}$ **内で直和をなす**と言う．この条件は，$x = \{x_i\}_{i\in I} \in \bigoplus_{i\in I} M_i$ について，M 内で $\sum_{i\in I} x_i = 0$ なら全ての $i \in I$ に対し $x_i = 0$ であることと同値であって，これらの条件は各 $i \in I$ について $M_i \cap \sum_{\mu\in I, \mu\neq i} M_\mu = (0)$ が成り立つことと同値でもある．写像 φ が同型であるとき，加群 M は $\{M_i\}_{i\in I}$ の**直和に分解する**という．

例えば，$\sharp I = 2$ の場合を考えてみよう．L，M を A-加群とし，$X = L \oplus M$ とおくと，埋め込み写像と射影

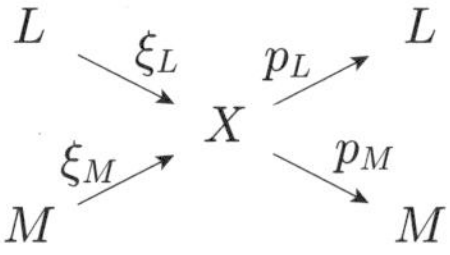

$$\begin{array}{ccccc} L & & & & L \\ & \searrow^{\xi_L} & & \nearrow^{p_L} & \\ & & X & & \\ & \nearrow_{\xi_M} & & \searrow_{p_M} & \\ M & & & & M \end{array}$$

を取ることができ，系列 $0 \to L \xrightarrow{\xi_L} X \xrightarrow{p_M} M \to 0$，$0 \to M \xrightarrow{\xi_M} X \xrightarrow{p_L} L \to 0$ は完全であって，等式 $p_L \circ \xi_L = 1_L$ と $p_M \circ \xi_M = 1_M$ が成り立つ．

空でない集合 I を添え字にもつ A-加群の族 $\{M_i\}_{i\in I}$ を考える．すべての $i \in I$ について $M_i = A$ であるとき，直和 $\bigoplus_{i\in I} M_i$ を $A^{(I)}$

と書くことにしよう[10]．$F = A^{(I)}$ とおき，各 $i \in I$ に対し，$\mathbf{e}_i$ によって，第 i 成分が 1 であって他の成分はすべて 0 であるような F の元を表す．すると直和の定義により，どんな $f \in F$ も $f = \sum_{i \in I} a_i \mathbf{e}_i$ $(a_i \in A, 殆どすべての\, i \in I\, に対し\, a_i = 0)$ という形にただ一通りに表される．即ち $\{\mathbf{e}_i\}_{i \in I}$ は**自由加群** F の**自由基底**である．

次の主張が正しい．

命題 4.13

$\{x_i\}_{i \in I}$ は A-加群 M の元の族とする．このとき，任意の $i \in I$ に対して $\varphi(\mathbf{e}_i) = x_i$ であるような A-線型写像 $\varphi : F \to M$ がただ一つ定まる．

[証明] $\varphi\left(\sum_{i \in I} a_i \mathbf{e}_i\right) = \sum_{i \in I} a_i x_i$ と定義する． □

$i \in I$ と $\mathbf{e}_i$ を同一視し，F は自由基底として集合 I を含むとみなすことも多い（定理 1.71 参照）．

命題 4.14

完全列 (E) $0 \to X \xrightarrow{\alpha} Y \xrightarrow{\beta} Z \to 0$ について，次の条件は互いに同値であり，(1) または (2) が満たされるなら $Y \cong X \oplus Z$ となる．

(1) 等式 $f \circ \alpha = 1_X$ を満たす A-線型写像 $f : Y \to X$ が存在する．

(2) 等式 $\beta \circ g = 1_Z$ を満たす A-線型写像 $g : Z \to Y$ が存在する．

10) $I = \emptyset$ のときは，$A^{(I)}$ は 0 だけからなる A-加群を表すものと約束するが，ここでは $I \neq \emptyset$ のときを考える．

このとき，完全列 (E) は分裂するという．

[証明]　(1) $\Rightarrow$ (2) : $Y = \mathrm{Ker}\, f \oplus \mathrm{Im}\, \alpha$ となり，合成写像 $\sigma : \mathrm{Ker}\, f \xrightarrow{i} Y = \mathrm{Ker}\, f \oplus \mathrm{Im}\, \alpha \xrightarrow{\beta} Z$ は同型となる．ここで $j(x) = (x, 0)$ $(x \in \mathrm{Ker}\, f)$ とする．$g : Z \xrightarrow{\sigma^{-1}} \mathrm{Ker}\, f \xrightarrow{i} X$ が求める写像である．

(2) $\Rightarrow$ (1) : $Y = \mathrm{Ker}\, \beta \oplus \mathrm{Im}\, g$ を用いる．□

4.2　テンソル積

二つの加群のテンソル積

M, N, P は A-加群とする．

定義 4.15

任意の $x, x' \in M$, $y, y' \in N$ と $a \in A$ に対し，次の等式

(1) $f(x + x', y) = f(x, y) + f(x', y)$,

(2) $f(x, y + y') = f(x, y) + f(x, y')$,

(3) $f(ax, y) = f(x, ay) = af(x, y)$

が成り立つとき，写像 $f : M \times N \to P$ は ***A*-双線型**であるという．即ち，写像 $f : M \times N \to P$ が双線型であるとは，各 $y \in N$ に対し写像 $f_y : M \to P$, $f_y(x) = f(x, y)$ が A-線型であり，各 $x \in M$ に対し写像 $f_x : N \to P$, $f_x(y) = f(x, y)$ が A-線型であることをいう．

定理 4.16

A-加群 P と A-双線型写像 $f : M \times N \to P$ の任意の組

(P, f) に対し，等式 $f = \psi \circ \varphi$ を満たす A-線型写像 $\psi : T \to P$ が一意的に定まるような，特別な A-加群 T と A-双線型写像 φ の組 (T, φ) が存在する．このような組 (T, φ) は同型の範囲でただ一つである．即ち，組 (T', φ') も上記の条件を満たすなら，A-同型写像 $\psi : T \to T'$ が一意的に定まり，等式 $\varphi' = \psi \circ \varphi$ が成り立つ．

加群 T を M と N のテンソル積と呼び，$M \otimes_A N$ と表す．

[証明] 組 (T, φ) と (T', φ') が定理の条件を満たすように与えられたなら，写像 $\psi : T \to T'$ と写像 $\psi' : T' \to T$ が一意的に定まり，等式 $\varphi' = \psi \circ \varphi$ と等式 $\varphi = \psi' \circ \varphi'$ が成り立つ．図形

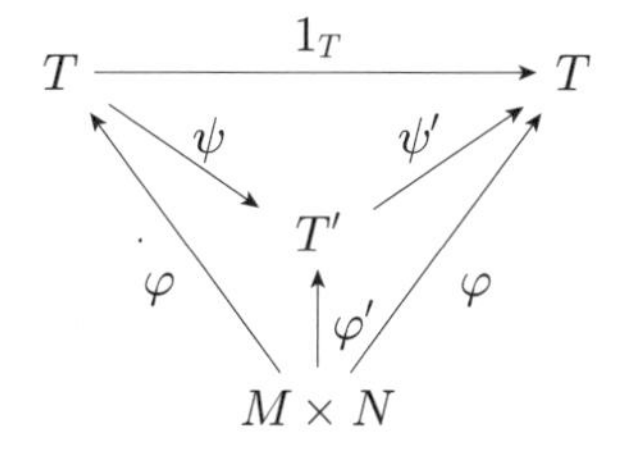

を見るに，$(\psi' \circ \psi) \circ \varphi = \varphi = 1_T \varphi$ である．故に，等式 $\delta \circ \varphi = \varphi$ を満たすような A-線型写像 $\delta : T \to T$ の一意性により等式 $\psi' \circ \psi = 1_T$ が得られる．同様にして，$\psi \circ \psi' = 1_{T'}$ であることがわかる．故に，写像 ψ は同型である．

さて，組 (T, φ) の存在を確かめよう．F は集合 $M \times N$ を基底にもつ自由 A-加群，C を集合

$$Z = \left\{ \begin{array}{c} (x + x', y) - (x, y) - (x', y) \\ (x, y + y') - (x, y) - (x, y') \\ (ax, y) - a(x, y) \\ (x, ay) - a(x, y) \end{array} \middle| \, x, x' \in M, \quad y, y' \in N, \quad a \in A \right\}$$

で生成された F の A-部分加群とし，$T = F/C$ とおき，$\overline{(x,y)} = x \otimes y$ $((x,y) \in M \times N)$ と定める．すると定義により，任意の $x, x' \in M$，$y, y' \in N$，$a \in A$ に対し等式

$$
\begin{aligned}
&(x + x') \otimes y = x \otimes y + x' \otimes y \\
&x \otimes (y + y') = x \otimes y + x \otimes y' \\
&(ax) \otimes y = x \otimes (ay) = a(x \otimes y)
\end{aligned}
$$

が成り立つ．故に，写像 $\varphi : M \times N \to T$, $\varphi(x,y) = x \otimes y$ は A-双線型である．A-加群 P と A-双線型写像 $g : M \times N \to P$ の組 (P, φ) を与えれば，$M \times N$ は自由加群 F の基底であるから，命題 4.13 により任意の $(x,y) \in M \times N$ に対して $\alpha(x,y) = g(x,y)$ を満たす A-線型写像 $\alpha : F \to P$ がただ一つ定まる．写像 g は A-双線型であるから，$C \subseteq \operatorname{Ker} \alpha$ となり，定理 4.6 によって等式 $g = \psi \circ \varphi$ を満たす A-線型写像 $\psi : T \to P$ が得られ，一意的に定まる．□

テンソル積は M, N, P を A-加群としたとき，謂わば A-加群 X に関する方程式

$$
\operatorname{Hom}_A(X, P) \cong \operatorname{Hom}_A(M, \operatorname{Hom}_A(N, P))
$$

の解として，考え出されたものである．

加群 $M \otimes_A N$ のどんな元 z も，有限個の $x_i \in M$ と $y_i \in N$ を適当に取って

$$
z = \sum_{i=1}^{n} x_i \otimes y_i
$$

と表すことができる．なお，M' を M が A-部分加群，N' が N の A-部分加群であっても，$M' \otimes_A N'$ は $M \otimes_A N$ の A-部分加群とは限らない．例えば，$A = \mathbb{Z}$, $M = \mathbb{Z}$, $N = \mathbb{Z}/(n)$ $(n \geq 2)$ として

$M' = n\mathbb{Z}$ とする．$x \equiv 1 \mod (n)$ とすれば，$M' \otimes_A N \cong N$ であって $M' \otimes_A N$ 内では $n \otimes x \neq 0$ であるが，$M \otimes_A N \cong N$ であり $M \otimes_A N$ 内では $n \otimes x = 1 \otimes nx = 0$ である．

注意 4.17

$x_i \in M$，$y_i \in N$ $(1 \leq i \leq n)$ が $M \otimes_A N$ 内で $\displaystyle\sum_{i=1}^{n} x_i \otimes y_i = 0$ 満たすなら，M の有限生成部分加群 M_0 と N の有限生成部分加群 N_0 を選んで，$x_i \in M_0$, $y_i \in N_0$ $(1 \leq i \leq n)$ であってかつ $M_0 \otimes_A N_0$ 内でも等式 $\displaystyle\sum_{i=1}^{n} x_i \otimes y_i = 0$ が成り立つようにできる．

[証明] $M \otimes_A N$ 内で $\displaystyle\sum_{i=1}^{n} x_i \otimes y_i = 0$ であるということは，集合 $M \times N$ を基底とする自由加群 F 内で $z = \displaystyle\sum_{i=1}^{n} (x_i, y_i) \in C$ が成り立つことであるから，部分加群 C の生成系である集合 Z の有限個の元 $\{z_j\}_{1 \leq j \leq m}$ の A 係数一次結合として，元 $z \in F$ が記述されるはずである．集合 $M_0 \times N_0$ が，z を記述するのに必要な元 $\{z_j\}_{1 \leq j \leq m}$ の他に，元 $\{(x_i, y_i)\}_{1 \leq i \leq n}$ をすべてを含むように，M の有限生成部分加群 M_0 と N の部分加群 N_0 を取れば，これらが求める部分加群である． □

$\varphi : L \to M$ は A-線型写像，N は A-加群とする．$f_L : L \times N \to L \otimes_A N$, $(\ell, n) \mapsto \ell \otimes n$, $f_M : M \times N \to M \otimes_A N$, $(m, n) \mapsto m \otimes n$ としよう．合成写像 $L \times N \xrightarrow{\varphi \times 1_N} M \times N \xrightarrow{f_M} M \otimes_A N$, $(\ell, n) \mapsto \varphi(\ell) \otimes n$ は A-双線型であるので，図形

$$\begin{array}{ccc} L \otimes_A N & \xrightarrow{\varphi \otimes_A 1_N} & M \otimes_A N \\ {\scriptstyle f_L}\uparrow & & \uparrow{\scriptstyle f_M} \\ L \times N & \xrightarrow{\varphi \times 1_N} & M \times N \end{array}$$

を可換にする線型写像 $\varphi \otimes_A 1_N : L \otimes_A N \to L \otimes_A N$ が一意的に定まる．もちろん，$\ell \in L$，$n \in N$ なら，$(\varphi \otimes_A 1_N)(\ell \otimes n) = \varphi(\ell) \otimes n$ である．$\psi : K \to L$ が A-線型写像であれば，$(\varphi \otimes_A 1_N) \circ (\psi \otimes_A 1_N) = (\varphi \circ \psi) \otimes_A 1_N$ となる．同様に，線型写像 $1_N \otimes_A \varphi : N \otimes_A L \to N \otimes_A M$，$n \otimes \ell \mapsto n \otimes \varphi(\ell)$ が得られる．

命題 4.18

$X \xrightarrow{f} Y \xrightarrow{g} Z \to 0$ が A-加群の完全列なら，任意の A-加群 M について系列 $M \otimes_A X \xrightarrow{1_M \otimes f} M \otimes_A Y \xrightarrow{1_M \otimes g} M \otimes_A Z \to 0$ も完全である．

[証明]　$1_M \otimes g$ は全射であって，$(1_M \otimes g) \circ (1_M \otimes f) = 0$ である．$C = \mathrm{Coker}\ (1_M \otimes f)$ とし，$\varepsilon : M \otimes_A Y \to C$ を自然な全射とする．$(1_M \otimes g) \circ (1_M \otimes f) = 0$ であるから，$1_M \otimes g = \varphi \circ \varepsilon$ を満たす A-線型写像 $\varphi : C \to M \otimes_A Z$ が定まり全射となる:

$$\begin{array}{ccccc} M \otimes_A X & \xrightarrow{1_M \otimes f} & M \otimes_A Y & \xrightarrow{1_M \otimes g} & M \otimes_A Z \to 0 \\ & & {\scriptstyle \varepsilon}\searrow & & \nearrow{\scriptstyle \varphi} \\ & & & C & \end{array}$$

φ は単射でもあることを示す．写像 $h : M \times Z \to C$ を，各 $m \in M$ と $z \in Z$ に対し $y \in Y$ を $z = g(y)$ ととって，$h(m, z) = \varepsilon(m \otimes y)$ と定める．このとき，h が well-defined であって A-双線型であることが容易に従う．故に，A-線型写像 $\psi : M \otimes_A Z \to C$ が任意の $m \in M$ と $y \in Y$ について等式 $\psi(m \otimes g(y)) = \varepsilon(m \otimes y)$ を満たすよ

うに定まり，$\psi \circ \varphi = 1_C$ となる．よって写像 φ は単射である． □

命題 4.19

M, N は A-加群，$\{M_i\}_{i \in I}$ は A-加群の族とする．次の主張が正しい．

(1) $M \otimes_A N \cong N \otimes_A M$

(2) $(L \otimes_A M) \otimes_A N \cong L \otimes_A (M \otimes_A N)$

(3) $\left(\bigoplus_{i \in I} M_i\right) \otimes_A N \cong \bigoplus_{i \in I} (M_i \otimes_A N)$

(4) $A \otimes_A M \cong M$

[証明] (1) 写像 $M \times N \to N \otimes_A M$, $(m, n) \mapsto n \otimes m$ は A-双線型であるから，A-線型写像 $\tau_{M.N} : M \otimes_A N \to N \otimes_A M$, $m \otimes n \mapsto n \otimes m$ が導かれる．$\tau_{M,N} \circ \tau_{N,M} = 1_{N \otimes_A M}$, $\tau_{N.M} \circ \tau_{M,N} = 1_{M \otimes_A N}$ であるから，$M \otimes_A N \cong N \otimes_A N$ である．

(2) $n \in N$ を一つ固定すると，写像 $L \times M \to L \otimes_A (M \otimes_A N)$, $(\ell, m) \mapsto \ell \otimes (m \otimes n)$ は A-双線型であるので，線型写像 f_n : $L \otimes_A M \to L \otimes_A (M \otimes_A N)$, $\ell \otimes m \mapsto \ell \otimes (m \otimes n)$ が導かれる．f_n を用いて写像 $f : (L \otimes_A M) \times_A N \to L \otimes_A (M \otimes_A N)$ を，$f(x, n) = f_n(x)$ と定めると，f は A-双線型であるので，線型写像 $\varphi : (L \otimes_A M) \otimes_A N \to L \otimes_A (M \otimes_A N)$, $(\ell \otimes m) \otimes n \mapsto \ell \otimes (m \otimes n)$ が得られる．同様にして，A-線型写像 $\psi : L \otimes_A (M \otimes_A N) \to (L \otimes_A M) \otimes_A N$, $\ell \otimes (m \otimes n) \mapsto (\ell \otimes m) \otimes n$ が得られ，互いに逆写像となる．

(3) 各 $i \in I$ に対し，$\xi_i : M_i \to \bigoplus_{i \in I} (M_i \otimes_A N)$, $\rho_i : M_i \otimes_A N \to \bigoplus_{i \in I} (M_i \otimes_A N)$ を自然な埋め込みとする．写像 $\left(\bigoplus_{i \in I} M_i\right) \times N \to \bigoplus_{i \in I} (M_i \otimes_A N)$, $((x_i)_{i \in I}, n) \mapsto (x_i \otimes n)_{i \in I}$ は A-双線型であるので，

A-線型写像 $f : \left(\bigoplus_{i\in I} M_i\right) \otimes_A N \to \bigoplus_{i\in I}(M_i \otimes_A N)$, $(x_i)_{i\in I} \otimes n \mapsto (x_i \otimes n)_{i\in I}$ が得られる．一方で，各 $i \in I$ について，A-双線型写像 $M_i \times N \to \left(\bigoplus_{i\in i} M_i\right) \otimes_A N$, $(x_i, n) \mapsto \xi_i(x_i) \otimes n$ によって導かれた A-線型写像 $\eta_i = \xi_i \otimes_A 1_N : M_i \otimes_A N \to \left(\bigoplus_{i\in i} M_i\right) \otimes_A N$ から，命題 4.11 によって図形

$$\begin{array}{ccc} \bigoplus_{i\in I}(M_i \otimes_A N) & \xrightarrow{\quad g \quad} & \left(\bigoplus_{i\in i} M_i\right) \otimes_A N \\ & {\scriptstyle\rho_i}\nwarrow \quad \nearrow{\scriptstyle\eta_i} & \\ & M_i \otimes_A N & \end{array}$$

をすべての $i \in I$ に対して可換にする A-線型写像 $g : \bigoplus_{i\in i}(M_i \otimes_A N) \to \left(\bigoplus_{i\in I} M_i\right) \otimes_A N$ が得られる．この二つの写像 f, g は互いに逆写像となるので，$\left(\bigoplus_{i\in I} M_i\right) \otimes_A N \cong \bigoplus_{i\in I}(M_i \otimes_A N)$ が従う．

(4) A-双線型写像 $A \times M \to M$, $(a, m) \mapsto am$ によって導かれた A-線型写像 $f : A \otimes_A M \to M, a \otimes m \mapsto am$ は，A-線型写像 $M \to A \otimes_A M$, $m \mapsto 1 \otimes m$ を逆写像とする同型写像である．　□

系 4.20

任意の集合 I に対し，$M \otimes_A A^{(I)} \cong M^{(I)}$ である．

$f : A \to B$ は環準同型写像とする．X は A-加群，M は B-加群のとき，$\mathrm{Hom}_A(M, X)$ は次の作用によって B-加群となる．

$$(b\rho)(x) = \rho(bx), \quad (\rho \in \mathrm{Hom}_A(M, X),\ b \in B,\ x \in M)$$

$\varphi : X \to Y$ が A-線型写像，$\psi : L \to M$ が B-線型写像なら，A-線型写像 $\psi^* : \mathrm{Hom}_A(M, X) \to \mathrm{Hom}_A(L, X)$，$f \mapsto f \circ \psi$ と $\varphi_* : \mathrm{Hom}_A(L, X) \to \mathrm{Hom}_A(L, Y)$，$f \mapsto \varphi \circ f$ は B-線型である．

問題 4.21

L, M は B-加群，E は A-加群とすると，B-加群として

$$\mathrm{Hom}_B(L, \mathrm{Hom}_A(M, E)) \cong \mathrm{Hom}_A(L \otimes_B M, E)$$

であることを確かめよ．ただし，B-加群はすべて f を通して A-加群とみなしている．

多数の加群のテンソル積

定義 4.22

$M_1, M_2, \ldots, M_n$, P は A-加群とし，直積集合 $\prod_{i=1}^{n} M_i$ を考える．写像 $f : \prod_{i=1}^{n} M_i \to P$ は，$1 \leq i \leq n$ と $\{x_j \in M_j\}_{1 \leq j \leq n, j \neq i}$ を任意に固定したとき，任意の $a \in A$ と任意の $y, z \in M_i$ について

(1) $f(x_1, \ldots, x_{i-1}, y + z, x_{i+1}, \ldots, x_n) = f(x_1, \ldots, x_{i-1}, y, x_{i+1}, \ldots, x_n) + f(x_1, \ldots, x_{i-1}, z, x_{i+1}, \ldots, x_n)$

(2) $f(x_1, \ldots, x_{i-1}, ay, x_{i+1}, \ldots, x_n) = af(x_1, \ldots, x_{i-1}, y, x_{i+1}, \ldots, x_n)$

が成り立つときに，A-多重線型であるという．

多重線型写像についても，これまで述べてきたのと同様の主張が成り立つ．

定理 4.23

与えられた A-加群 $M_1, M_2, \ldots, M_n$ に対し，ある特別な A-加群 T と A-多重線型写像 $\varphi : \prod_{i=1}^{n} M_i \to T$ の組 (T, φ) が存在し，任意の A-加群 P と A-多重線型写像 $f : \prod_{i=1}^{n} M_i \to P$ の組 (P, f) に対し $f = \psi\varphi$ を満たす A-線型写像 $\psi : T \to P$ が一意的に定まる．このような A-加群は同型の範囲でただ一通りに定まり，$M_1, M_2, \ldots, M_n$ のテンソル積と呼ばれ，$M_1 \otimes M_2 \otimes \cdots \otimes M_n$ と記述される．

$n = 2$ の場合が，先に述べたテンソル積 $M \otimes_A N$ に他ならない．

係数拡大

$f : A \to B$ は環の準同型写像とし，X は A-加群とする．B-加群 M は f を通して A-加群とみなす．すると，加法群 $M \otimes_A X$ は次の作用によって B-加群となる．

$$b(m \otimes x) = (bm) \otimes x \quad (b \in B,\ m \in M,\ x \in X)$$

実際，$b \in B$ とすると，写像 $M \times X \to M \otimes_A X$, $(m, x) \mapsto (bm) \otimes x$ は A-双線型であるから，A-線型写像 $f_b : M \otimes_A X \to M \otimes_A X$, $m \otimes x \mapsto (bm) \otimes x$ に拡張される．この写像 f_b を用いて，各 $b \in B$ と $x \in M \otimes_A X$ に対し $bx = f_b(x)$ と定めるのである．このとき，任意の A-線型写像 $\varphi : X \to Y$ に対し，A-線型写像 $1_M \otimes_A$

$\varphi : M \otimes_A X \to M \otimes_A Y$ は B-線型となる．$M = B$ と取ったとき，$B \otimes_A X$ を X の B 上への係数拡大と呼ぶ．

命題 4.24　係数拡大の Universal Property

X は A-加群とし，$f_X : X \to B \otimes_A X$，$f_X(x) = 1 \otimes x$ とする．このとき，写像 f_X は A-線型であり，B-加群 M と A-線型写像 $g : X \to M$ の任意の組 (M, g) に対し，$g = \varphi \circ f_X$ を満たす B-線型写像 $\varphi : B \otimes_A X \to M$ が存在し一意的に定まる．

[証明]　写像 $B \times X \to M$，$(b, x) \mapsto bg(x)$ は A-双線型であるから，A-線型写像 $\varphi : B \otimes_A X \to M$，$\varphi(b \otimes x) = bg(x)$ に一意的に拡張される．この写像 φ が B-線型でもあることは明らかである．□

問題 4.25

(1) X が有限生成 A-加群なら，$B \otimes_A X$ は有限生成 B-加群であることを示せ．

(2) F が自由 A-加群なら，$B \otimes_A F$ は自由 B-加群であることを示せ．

(3) X, Y が A-加群なら，B-加群として

$$B \otimes_A (X \otimes_A Y) \cong (B \otimes_A X) \otimes_B (B \otimes_A Y)$$

であることを示せ．

(4) $I\ (\neq A)$ が A のイデアルなら，任意の A-加群 M について，A/I-加群として

$$A/I \otimes_A M \cong M/IM$$

であることを示せ．

平坦加群

命題 4.26

A-加群 N に対し，次の条件は同値である．

(1) A-加群の任意の完全列 $0 \to M_1 \xrightarrow{f} M_2 \xrightarrow{g} M_3 \to 0$ に対し，A-加群の系列 $0 \to N \otimes_A M_1 \xrightarrow{1_N \otimes_A f} N \otimes_A M_2 \xrightarrow{1_N \otimes_A g} N \otimes_A M_3 \to 0$ は完全である．

(2) A-加群の系列 $0 \to M_1 \xrightarrow{f} M_2$ が完全なら，系列 $0 \to N \otimes_A M_1 \xrightarrow{1_N \otimes_A f} N \otimes_A M_2$ も完全である．

(3) M_1, M_2 が有限生成である A-加群の任意の完全列 $0 \to M_1 \xrightarrow{f} M_2$ に対し，系列 $0 \to N \otimes_A M_1 \xrightarrow{1_N \otimes_A f} N \otimes_A M_2$ は完全である．

このような加群 N は平坦であるという．

[証明]　実際，(3) $\Rightarrow$ (2) だけが問題であるが，元 $x \in \mathrm{Ker}\, N \otimes_A f$ に対し，$x = \sum_{i=1}^{n} x_i \otimes y_i (x_i \in N, y_i \in M_1)$ と表し，M_2 の部分加群 $M_2{}'$ を $f(y_i) \in M_2{}'$ $(1 \leq i \leq n)$ であってかつ $N \otimes_A M_2{}'$ 内で等式 $\sum_{i=1}^{n} x_i \otimes f(y_i) = 0$ が成り立つようにとり，$M_1{}' = \sum_{i=1}^{n} Ay_i$ とすれば，写像 f は単射 $f' : M_1{}' \to M_2{}'$ $f'(m) = f(m)$ を導き，$\sum_{i=1}^{n} x_i \otimes y_i \in \mathrm{Ker}\, N \otimes_A f'$ が成り立つ．故に，$\sum_{i=1}^{n} x_i \otimes y_i = 0$ が $N \otimes_A M_1{}'$ が成り立つので，等式 $x = \sum_{i=1}^{n} x_i \otimes y_i = 0$ が $N \otimes_A M_1$ 内でも成り立つ．□

問題 4.27

自由加群は平坦であることを示せ．

定義 4.28

$f : A \to B$ は環準同型写像とする．B が平坦 A-加群であるとき，環準同型写像 f は**平坦**であるという．

問題 4.29

$\varphi : A \to B$ は環の準同型写像とし

$$\mathcal{C} : \quad \cdots \longrightarrow M_{i+1} \xrightarrow{f_{i+1}} M_i \xrightarrow{f_i} M_{i-1} \longrightarrow \cdots$$

は A-加群の鎖状複体とすると，係数拡大によって B-加群の鎖状複体

$$B \otimes_A \mathcal{C} : \quad \cdots \longrightarrow B \otimes_A M_{i+1} \xrightarrow{1_B \otimes f_{i+1}} B \otimes_A M_i \xrightarrow{1_B \otimes f_i} B \otimes_A M_{i-1} \longrightarrow \cdots$$

が得られる．このとき，射 φ が平坦なら，任意の $i \in \mathbb{Z}$ に対し B-加群として

$$\mathrm{H}_i(B \otimes_A \mathcal{C}) \cong B \otimes_A \mathrm{H}_i(\mathcal{C})$$

であることを確かめよ．

問題 4.30

$f : A \to B$ は平坦な環準同型写像とする．M は有限生成 A-加群であって，M に対し次のような A-加群の完全列があると仮定する．

$$A^m \to A^n \to M \to 0$$

ここで，$m, n \geq 0$ は整数である．このとき，任意の A-加群 N について，B-加群として

$$B \otimes_A \mathrm{Hom}_A(M, N) \cong \mathrm{Hom}_B(B \otimes_A M, B \otimes_A N)$$

となることを示せ.

4.3 加群の局所化

S は環 A 内の積閉集合とする．環 A の S による局所化によって，新たに可換環 $S^{-1}A$ が得られることは 1.3 節で述べた．A-加群 M を与えると，M を S で局所化することによって，$S^{-1}A$-加群が得られる．以下，この方法を述べよう．

A-加群 M をとって，$Y = S \times M$ とおく．2 元 $(s, x), (t, y) \in Y$ について，ある元 $u \in S$ が存在して等式 $u(sy - tx) = 0$ が M 内で成り立つとき，$(s, x) \sim (t, y)$ と書く．$\sim$ は集合 $Y = S \times M$ 上の同値関係である[11]．商集合 $Y/\sim$ を $S^{-1}A$ と書き，元 $(s, x) \in Y$ に対し，(s, x) を含む同値類 $\overline{(s, x)}$ を，$\dfrac{x}{s}$ で表す．

補題 4.31

$x, y \in M$ とする．次の主張が正しい．

(1) $s, t \in S$ のとき，$\dfrac{x}{s} = \dfrac{y}{t}$ である必要かつ十分条件は，等式 $u(sy - tx) = 0$ を満たす元 $u \in S$ が存在することである．

(2) $\forall s, t \in S$ に対し，$\dfrac{x}{s} = \dfrac{tx}{ts}$ である．

(3) $\forall s, t \in S$ に対し，$\dfrac{0}{s} = \dfrac{0}{t}$ である．

11) 命題 1.84 参照.

(4) $\forall s, t \in S$ に対し，$\dfrac{sx}{s} = \dfrac{tx}{t}$ である．

環の局所化と同様に，次が成り立つ．

定理 4.32

集合 $S^{-1}M$ は，次の和と作用によって，$S^{-1}A$-加群となる．

$$\frac{x}{s} + \frac{y}{t} = \frac{tx + sy}{st}, \quad \frac{a}{s} \cdot \frac{x}{t} = \frac{ax}{st}$$

$S^{-1}M$ を A-加群 M の S による**局所化**という．

写像 $f_A : A \to S^{-1}A, f(a) = \dfrac{a}{1}$ を通せば，どんな $S^{-1}A$-加群 N も A-加群とみなすことができる．$N = S^{-1}M$ の場合には，自然な写像

$$f_M : M \to S^{-1}M, \ x \mapsto \frac{x}{1}$$

は A-線型となる．

加群の局所化の Universal Property

$x \in A$ が A-加群 M に対し，非零因子として作用するとき，x は $\boldsymbol{M}$**-非零因子**であるという．加群の局所化の Universal Property は次のように述べることができる．

定理 4.33

N を $S^{-1}A$-加群，$g : M \to N$ は A-線型写像とすれば，$g = h \circ f_M$ となるような $S^{-1}A$-線型写像 $h : S^{-1}M \to N$ が一意的に定まる．

[証明] $z \in S^{-1}M$ とし，$z = \dfrac{x}{s} \in S^{-1}M$ と表す．$f_A(s) = \dfrac{s}{1} \in$

$[S^{-1}A]^{\times}$ であって $f_A(s)^{-1} = \frac{1}{s}$ である．$h\left(\frac{x}{s}\right) = \frac{1}{s}g(x) \in N$ とする．補題 4.31 (1) によって，N の元 $\frac{1}{s}g(x)$ は，$z = \frac{x}{s}$ という元 z の表し方に拠らずに，z に対して一意的に定まる．この写像 $h : S^{-1}M \to N$ が求める $S^{-1}A$-線型写像である．$S^{-1}A$-線型写像 $h' : S^{-1}M \to N$ が h と同じく等式 $g = h' \circ f_M$ を満たすなら，任意の $z = \frac{x}{s} \in S^{-1}M$ について

$$\frac{s}{1}h'(z) = h'\left(\frac{s}{1}z\right) = h'\left(\frac{x}{1}\right) = g(x)$$

である．故に

$$\frac{s}{1}h'(z) = \frac{s}{1}h(z)$$

である．$\frac{s}{1}$ は $S^{-1}A$ の単元であるから，N に対し非零因子として作用する．故に $h'(z) = h(z)$ となり，$h' = h$ がわかる．□

局所化の平坦性

$\varphi : L \to M$ が A-線型写像であれば，合成 $f_M \circ \varphi : L \to S^{-1}M$ は A-線型であるから，定理 4.33 によって，$S^{-1}A$-線型写像 $h : S^{-1}L \to S^{-1}M$ であって $\varphi \circ f_L = f_M \circ \varphi$ となるもの，即ち次の図形

$$\begin{array}{ccc} S^{-1}L & \xrightarrow{h} & S^{-1}M \\ {\scriptstyle f_L}\uparrow & & \uparrow{\scriptstyle f_M} \\ L & \xrightarrow{\varphi} & M \end{array}$$

を可換にするものが一意的に定まる．この h を $S^{-1}\varphi$ と書く．

$$(S^{-1}\varphi)\left(\frac{x}{s}\right) = \frac{\varphi(x)}{s}$$

$(x \in L, s \in S)$ であることに注意しよう．$\psi : K \to L$ が A-加群の線型写像なら，$S^{-1}(\varphi \circ \psi) = S^{-1}(\varphi) \circ S^{-1}(\psi)$ となる．

命題 4.34

$0 \to K \xrightarrow{\varphi} L \xrightarrow{\psi} M \to 0$ が A-加群の完全列なら，$S^{-1}A$-加群の系列 $0 \to S^{-1}K \xrightarrow{S^{-1}\varphi} S^{-1}L \xrightarrow{S^{-1}\psi} S^{-1}M \to 0$ も完全である．

[証明] $s \in S, y \in L, z \in M$ とする．$z = \psi(y)$ なら，$(S^{-1}\psi)\left(\dfrac{y}{s}\right) = \dfrac{z}{s}$ であるから，$S^{-1}\psi$ は全射である．$(S^{-1}\varphi) \circ (S^{-1}\psi) = S^{-1}(\varphi \circ \psi) = 0$ である．$(S^{-1}\psi)\left(\dfrac{y}{s}\right) = \dfrac{\psi(y)}{s} = 0$ なら，ある $t \in S$ に対し $t\psi(y) = \psi(ty) = 0$ である．$x \in K$ を $\varphi(x) = ty$ ととると，$(S^{-1}\varphi)\left(\dfrac{x}{st}\right) = \dfrac{\varphi(x)}{st} = \dfrac{y}{s}$ となる．$x \in K$ について，$(S^{-1}\varphi)\left(\dfrac{x}{s}\right) = \dfrac{\varphi(x)}{s} = 0$ なら，$t \in S$ があって $t\varphi(x) = 0$ となる．φ は単射であるから，$tx = 0$ が従い，$\dfrac{x}{1} = 0$ が得られる．故に $\dfrac{x}{s} = 0$ となって，系列 $0 \to S^{-1}K \xrightarrow{S^{-1}\varphi} S^{-1}L \xrightarrow{S^{-1}\psi} S^{-1}M \to 0$ が完全であることがわかる． □

定理 4.35

各 A-加群 M に対し，$S^{-1}A$-加群の同型射

$$\theta_M : S^{-1}A \otimes_A M \to S^{-1}M$$

であって，すべての $x \in M$ について $\theta_M(1 \otimes x) = \dfrac{x}{1}$ となるものがただ一つ定まる．

[証明] $\theta_M : S^{-1}A \otimes_A M \to S^{-1}M$ は，自然な射 $A \to S^{-1}A$ が導く係数拡大の射（命題 4.24 参照）である．一方で定理 4.33 によって，

局所化の自然な射 $f_M : M \to S^{-1}M,\ x \mapsto \dfrac{x}{1}$ から，$S^{-1}A$-線型写像 $\rho_M : S^{-1}M \to S^{-1}A \otimes_A M$ が得られる．これら θ_M と ρ_M が互いに逆写像であることは，命題 4.24 と定理 4.33 から直ちに従う．　□

命題 4.34 より次が得られる．

系 4.36

$S^{-1}A$ は平坦 A-加群である．

$S^{-1}M = (0)$ であることと，任意に $x \in M$ を与えれば，この x に対してある $s \in S$ を選んで $sx = 0$ であるようにできることは，同値である．したがって，M が有限生成であれば，$S^{-1}M = (0)$ であるための必要十分条件は，ある $s \in S$ がとれて $sM = (0)$ が成り立つことである．

定理 4.37

A-加群 M に対し $\operatorname{Supp}_A M = \{\mathfrak{p} \in \operatorname{Spec} A \mid M_\mathfrak{p} \neq (0)\}$ とおき，M の台と呼ぶ．

M が有限生成のときは，$\operatorname{Supp}_A M = \mathrm{V}(\operatorname{Ann}_A M)$ であって，$\operatorname{Spec} A$ の閉集合をなす．

補題 4.38

M, N が有限生成 A-加群なら

$$\operatorname{Supp}_A(M \otimes_A N) = \operatorname{Supp}_A M \cap \operatorname{Supp}_A N$$

である．

[証明] A が極大イデアル $\mathfrak{m}$ を持つ局所環の場合をまず考える.

$$A/\mathfrak{m} \otimes_A (M \otimes_A N) \cong M/\mathfrak{m}M \otimes_{A/\mathfrak{m}} N/\mathfrak{m}N$$

である[12]. 加群 M, N は有限生成であるから $M \otimes_A N$ も有限生成である. Krull-東屋の補題[13]より, $M \otimes_A N \neq (0)$ であるための必要十分条件は $M/\mathfrak{m}M \otimes_{A/\mathfrak{m}} N/\mathfrak{m}N \neq (0)$ であるが, 系 4.20 から $M \neq (0)$ かつ $N \neq (0)$ と同値であることが従う. A が必ずしも局所環でない場合には, $\mathfrak{p} \in \operatorname{Spec} A$ とすれば, $(M \otimes_A N)_{\mathfrak{p}} \cong M_{\mathfrak{p}} \otimes_{A_{\mathfrak{p}}} N_{\mathfrak{p}}$ であるから, $(M \otimes_A N)_{\mathfrak{p}} \neq (0)$ であるためには $M_{\mathfrak{p}} \neq (0)$ かつ $N_{\mathfrak{p}} \neq (0)$ であることが必要十分であることが従う. 故に $\operatorname{Supp}_A(M \otimes_A N) = \operatorname{Supp}_A M \cap \operatorname{Supp}_A N$ である. □

12) 問題 4.25 参照.
13) 問題 4.5 参照.

第5章

Noether 加群と Artin 加群について

Noether 加群と Artin 加群の理論は Noether 環論の華であって，加群に随伴する素イデアルの理論は Noether 環論全体の礎石をなしている．Lasker–Noether の分解定理に始まるイデアルの準素分解とイデアルに随伴する素イデアルの理論が，澄み切った透明な形で，加群に随伴する素イデアルの理論として再構成されていることは感動的である．

5.1 Noether 加群と Artin 加群

以下，A は可換環とする．

定義 5.1　Noether 加群

M は A-加群とする．M が同値な次の条件を満たすとき，M は Noether A-加群であるという．ここで $\mathcal{F}(M)$ は M の部分加群の全体がなす集合を表す．

(1) M の A-部分加群はすべて有限生成である．

(2) $M_1 \subseteq M_2 \subseteq \cdots \subseteq M_i \subseteq \cdots$ を M の A-部分加群の昇鎖とすれば，十分大きな番号 $k \geq 1$ があって $M_k = M_i$ が $\forall i \geq k$ に対し成り立つ．

(3) 集合 $\mathcal{F}(M)$ の空でないいかなる部分集合 $\mathcal{S}$ も，包含関係に関する極大元を含む．

証明は定理 3.20 との証明と同じである．A が Noether 環であることと，A が A 上の加群として Noether であることは同値である．

補題 5.2

$0 \to L \to M \to N \to 0$ を A-加群の完全列とすると，次の条件は同値である．

(1) M は Noether A-加群である．

(2) L, N は Noether A-加群である．

[証明]　議論を単純にしたいので，L は M の部分加群で $N = M/L$ であるとみなすことにする．

(1) $\Rightarrow$ (2)：定義により L は Noether である．定理 4.2 より，N の

部分加群は M の部分加群の像であるから，すべて有限生成である．

(2) $\Rightarrow$ (1)：X を M の部分加群とすると，完全列 $0 \to X \cap L \to X \to (X+L)/L \to 0$ が得られる．$X \cap L$ は X の部分加群で，$(X+L)/L$ は $N = M/L$ の部分加群であるから，どちらも有限生成である．したがって X も有限生成である[1]． □

定理 5.3

次の条件は同値である．

(1) A は Noether 環である．

(2) すべての有限生成 A-加群は Noether である．

[証明] (1) $\Rightarrow$ (2) のみで十分である．補題 5.2 と自然な完全列

$$0 \to A \xrightarrow{i} A^n \xrightarrow{p} A^{n-1} \to 0$$

$\left(i(a) = \begin{pmatrix} a \\ 0 \\ \vdots \\ 0 \end{pmatrix}, p \begin{pmatrix} a_1 \\ a_2 \\ \vdots \\ a_n \end{pmatrix} = \begin{pmatrix} a_2 \\ a_3 \\ \vdots \\ a_n \end{pmatrix} \right)$ から，整数 $n > 0$ に関する帰納法によって A^n は Noether A-加群であることが従う．有限生成 A-加群 M はすべて何らかの $n > 0$ に対し A^n の準同型像であるから，補題 5.2 によって M が Noether であることがわかる． □

問題 5.4

M は A-加群で $M \neq (0)$ とする．次の条件は同値であることを証明せよ．

(1) M は Noether A-加群である．

(2) M は有限生成であってかつ $A/[(0) :_A M]$ は Noether 環である．

1) 問題 4.4 参照．

問題 5.5

M が Noether A-加群，$\varphi : M \to M$ は A-線型写像とする．φ は全射なら単射でもあることを証明せよ．M が Noether A-加群でなく単に有限生成 A-加群であってもこの主張が正しいことを，A が Noether 環の場合に帰着させて証明せよ．

定義 5.6　**Artin 加群**

M は A-加群とする．M が同値な次の条件を満たすとき，M は Artin A-加群であるという．

(1) $M_1 \supseteq M_2 \supseteq \cdots \supseteq M_i \supseteq \cdots$ を M の部分加群の降鎖とすれば，十分大きな番号 $k \geq 1$ があって $M_k = M_i$ が $\forall i \geq k$ に対し成り立つ．

(2) 集合 $\mathcal{F}(M)$ の空でないいかなる部分集合 $\mathcal{S}$ も，包含関係に関する極小元を含む．

環の場合とは異なり，Artin 加群は必ずしも Noether 加群ではない[2)]．

問題 5.7

$0 \to L \to M \to N \to 0$ を A-加群の完全列とすると，次の条件は同値であることを証明せよ．

(1) M は Artin A-加群である．

(2) L, N は Artin A-加群である．

問題 5.8

A は Artin 環，M は有限生成 A-加群とする．次の主張が正し

2)　次元正の Noether 局所環 $(A, \mathfrak{m})$ 上で，剰余体 $A/\mathfrak{m}$ の入射包絡と呼ばれる A-加群 $E = \mathrm{E}_A(A/\mathfrak{m})$ を考えると，E は Artin A-加群であるが有限生成ではない．

いことを証明せよ.

(1) M は Artin 加群である.

(2) A-線形写像

$$M \to \bigoplus_{\mathfrak{m} \in \operatorname{Max} A} M_{\mathfrak{m}}, \quad x \mapsto \left\{ \frac{x}{1} \right\}_{\mathfrak{m} \in \operatorname{Max} A}$$

は全単射である.

5.2 組成列と加群の長さ

A は環とする.

A-加群 M が単純加群であるとは, $M \neq (0)$ であってかつ M の A-部分加群は M と (0) しかないことをいう. M が単純加群であれば, $0 \neq x \in M$ を任意にとって $X = Ax$ とおくと, $X \neq (0)$ であるから $M = X$ となる. 故に, $I = (0) :_A Ax$ とおくと, $A/I \cong M$ となるが, A/I は単純加群であるので, I を含む A のイデアルは I か A に限られ[3], I は環 A の極大イデアルであることがわかる. もちろん, I が極大イデアルなら, A/I は単純 A-加群である.

定義 5.9

M は A-加群で $M \neq (0)$ とする. M の A-部分加群の列

$$M_n = (0) \subsetneq M_{n-1} \subsetneq \cdots \subsetneq M_1 \subsetneq M_0 = M$$

は, すべての $1 \leq i \leq n$ について M_{i-1}/M_i が単純 A-加群であるとき, M の**組成列**であるといい, n をこの組成列

3) 対応定理 4.2.

$\{M_i\}_{0 \leq i \leq n}$ の長さという.

零加群は長さ 0 の組成列を持つと考える.

例 5.10

体上の有限次元のベクトル空間は組成列を持つ. また, $k[X]$ を体 k 上の多項式環, $A = k[X]/(X^n)$ $(n \geq 1)$ とする. $x = X \bmod (X^n)$ とすると, A のイデアルの列

$$(x^n) = (0) \subsetneq (x^{n-1}) \subsetneq \cdots \subsetneq (x^2) \subsetneq (x) \subsetneq A$$

は, A-加群 A の長さ n の組成列である.

すべての加群が組成列を持つわけではない. 与えられた加群が組成列を持つための必要十分条件を述べるために, まず次の補題を準備しよう.

補題 5.11

M が長さ n の組成列を持てば, M のどんな A-部分加群 N も長さが高々 n の組成列を持つ.

[証明]　M の組成列 $M_n = (0) \subsetneq M_{n-1} \subsetneq \cdots \subsetneq M_1 \subsetneq M_0 = M$ から, N の部分加群の列 $\{N_i = M_i \cap N\}_{0 \leq \imath \leq n}$ をつくると, 各 $0 \leq i \leq n-1$ について単射 $N_i/N_{i+1} \to M_i/M_{i+1}$ が得られる. M_i/M_{i+1} は単純加群であるから, $N_i/N_{i+1} \neq (0)$ なら $N_i/N_{i+1} \cong M_i/M_{i+1}$ である. 故に, N の部分加群の列

$$N_n = (0) \subseteq N_{n-1} \subseteq \cdots \subseteq N_1 \subseteq N_0 = N$$

から, 異なるものだけを抜き出せば, 組成列が得られる.　□

定理 5.12

A-加群 M は少なくとも一つ組成列を持つとする．このとき，M のどんな組成列もすべて共通の長さをもつ．

[証明]

$$M_n = (0) \subsetneq M_{n-1} \subsetneq \cdots \subsetneq M_1 \subsetneq M_0 = M,$$

$$N_\ell = (0) \subsetneq N_{\ell-1} \subsetneq \cdots \subsetneq N_1 \subsetneq N_0 = M$$

は，M の組成列とする．n についての帰納法で $n = \ell$ を示す．$n > 0$ であって $n-1$ まで我々の主張は正しいと仮定せよ．このとき，M/N_1 は単純加群であるので，$N_1 \subseteq M_1$ なら $N_1 = M_1$ である．故に，M_1 に帰納法の仮定を適用することによって，$n = \ell$ が従う．$N_1 \not\subseteq M_1$ とせよ．すると，$M_1 \subsetneq M_1 + N_1 \subseteq M$ であるから，$M_1 + N_1 = M$ である．$L = M_1 \cap N_1$ とおくと，$M/M_1 \cong N_1/L$，$M/N_1 \cong M_1/L$ であるから，N_1/L も N_1/L も単純加群である．補題 5.11 によって L は長さ $m \leq n-2$ の組成列をもつので，L を仲介して帰納法の仮定を M_1 と N_1 に適応すれば，$n-1 = m+1 = \ell-1$ が従い，$n = \ell$ がわかる．□

定義 5.13

A-加群 M に対して，

$$\ell_A(M) = \begin{cases} n & (M\text{ は長さ }n\text{ の組成列を持つ}) \\ \infty & (M\text{ は組成列を持たない}) \end{cases}$$

と定め，加群 M の**長さ**という．

$\ell_A(M) = 0$ は $M = (0)$ と同値であることに注意しよう．V が体 k 上の有限次元ベクトル空間なら，$\ell_k(V)$ は V の次元に等しい．

補題 5.11 とその証明から，次が従う．

補題 5.14

$\ell_A(M) < \infty$ とせよ．このとき，M の任意の A-部分加群 N について $\ell_A(N) \leq \ell_A(M)$ であり，等号 $\ell_A(N) = \ell_A(M)$ が成り立つのは $N = M$ のときに限る．

問題 5.15

$M_n = (0) \subsetneq M_{n-1} \subsetneq \cdots \subsetneq M_1 \subsetneq M_0 = M$ が A-加群 M の組成列なら，$\{M_i/M_{i+1}\}_{0 \leq i \leq n-1}$ は順序の違いを除いて，M に対し同型の範囲で一意的に定まることを証明せよ．

A-加群 M が組成列を持つための必要十分条件は，次のように述べることができる．

定理 5.16

A-加群 M について，次の条件は同値である．

(1) M は組成列を持つ．

(2) M は Noether A-加群であってかつ Artin A-加群である．

[証明] (1) $\Rightarrow$ (2)：$N \subsetneq M$ が M の A-部分加群なら，$\ell_A(N) < \ell_A(M)$ であることによる（補題 5.15）．

(2) $\Rightarrow$ (1)：M は Noether A-加群であるので，M の A-部分加群 $M_1 \subsetneq M$ を極大にとることができる．このとき $\ell_A(M/M_1) = 1$ である．M_1 の A-部分加群 $M_2 \subsetneq M_1$ を極大にとれば，$\ell_A(M_1/M_2) = 1$ である．同様に $M_3, M_4, \ldots$ をとり続ける．加群 M が Artin A-加群であるので，この作業は有限回で終了し，M の組成列 $M_n = (0) \subsetneq M_{n-1} \subsetneq \cdots \subsetneq M_1 \subsetneq M_0 = M$ が得られる． □

補題 5.17

$0 \to L \to M \to N \to 0$ を A-加群の完全列とすると，$\ell_A(M) = \ell_A(L) + \ell_A(N)$ である．

[証明] 補題 5.2, 問題 5.7, 定理 5.16 によって，$\ell_A(M) < \infty$ としてよい．$L \subseteq M$, $N = M/L$ とみなし，$\varepsilon : M \to N$ は自然な射とする．$N_n = (0) \subsetneq N_{n-1} \subsetneq \cdots \subsetneq N_1 \subsetneq N_0 = N$ は N の組成列，$L_\ell = (0) \subsetneq L_{\ell-1} \subsetneq \cdots \subsetneq L_1 \subsetneq L_0 = L$ は L の組成列とし，各 $0 \leq i \leq n-1$ に対し $M_i = \varepsilon^{-1}(N_i)$ とおくと，M の部分加群の列

$$L_\ell = (0) \subsetneq L_{\ell-1} \subsetneq \cdots \subsetneq L_1 \subsetneq L_0 = L \subsetneq M_{n-1} \subsetneq \cdots \subsetneq M_1 \subsetneq M_0 = M$$

が得られ，M の組成列をなす． □

問題 5.18

$(A, \mathfrak{m})$ は Noether 局所環とする．任意の整数 $n \geq 0$ について $\ell_A(A/\mathfrak{m}^n) < \infty$ であることを確かめよ．$I \subsetneq A$ を A のイデアルとすると，I が $\mathfrak{m}$-準素イデアルであるための必要十分条件は，$\ell_A(A/I) < \infty$ であることを示せ．

問題 5.19

$(A, \mathfrak{m})$，$(B, \mathfrak{n})$ は Noether 局所環とし，$f : A \to B$ は環準同型写像で $f(\mathfrak{m}) \subseteq \mathfrak{n}$ とする．射 f は体の同型 $A/\mathfrak{m} \cong B/\mathfrak{n}$ を引き起こしていると仮定せよ．このとき，任意の B-加群 L について，$\ell_B(L) = \ell_A(L)$ であることを示せ．

5.3 $\mathrm{Ass}_A M$

以下，$\mathrm{Ass}_A M$ の理論を展開しよう．加群に随伴する素イデアルの理論は現代可換環論の基盤である[4]．

A は可換環，M は A-加群とする．

$$\mathrm{Ass}_A M = \{\mathfrak{p} \in \mathrm{Spec}\, A \mid A\text{-加群の完全列 } 0 \to A/\mathfrak{p} \to M \text{ が存在する}\}$$

とおき，$\mathrm{Ass}_A M$ の元を M に随伴する素イデアルと呼ぶ．$\mathfrak{p} \in \mathrm{Spec}\, A$ について，$\mathfrak{p} \in \mathrm{Ass}_A M$ であるための必要十分条件は，等式 $\mathfrak{p} = (0) :_A x$ が成り立つような元 $x \in M$（必ず $x \neq 0$ である）が存在することである．

例 5.20

$\mathfrak{p} \in \mathrm{Spec}\, A$ とする．$A/\mathfrak{p}$ の零でないいかなる A-部分加群 X についても，$\mathrm{Ass}_A X = \{\mathfrak{p}\}$ である．

次の補題がこの節におけるすべての議論の鍵である．

補題 5.21

$\mathcal{S} = \{(0) :_A x \mid 0 \neq x \in M\}$ おく．I が $\mathcal{S}$ の極大元なら，I は環 A の素イデアルである．

4）非可換であっても同様の理論が展開可能であるが，精密さという点では及ばない．

[証明] $0 \neq x \in M$ を取り，$I = (0) :_A x$ と書く．I は環 A のイデアルで，$I \neq A$ である．$a, b \in A$ する．$ab \in I$ しかし $b \notin I$ なら，$bx \neq 0$ であって $I \subseteq (0) :_A bx$ であるから，イデアル I の極大性より $I = (0) :_A bx$ が従う．$a(bx) = 0$ であるから，$a \in I$ となる．故に I は素イデアルである． □

系 5.22

A が Noether 環なら，$M \neq (0)$ であるための必要十分条件は $\mathrm{Ass}_A M \neq \emptyset$ である．

系 5.23

A は Noether 環，$a \in A$ とする．$a \in A$ が M-非零因子であるための必要十分条件は，$a \notin \bigcup_{\mathfrak{p} \in \in \mathrm{Ass}_A M} \mathfrak{p}$ である．

[証明] ある $\mathfrak{p} \in \mathrm{Ass}_A M$ に対し $a \in \mathfrak{p}$ なら，$\mathfrak{p} = (0) :_A x$ と書くと，$0 \neq x \in M$ かつ $ax = 0$ となる．逆に，a は M-零因子と仮定し，$ax = 0$ となる元 $0 \neq x \in M$ をとり，$N = Ax$ とおく．$N \neq (0)$ であるから，系 5.22 によって $\mathfrak{p} \in \mathrm{Ass}_A N$ をとることができる．このとき，$\mathfrak{p} \in \mathrm{Ass}_A M$ でもあって，$aN = (0)$ であるから $a \in \mathfrak{p}$ となる． □

$\mathrm{Ass}_A A$ は単に $\mathrm{Ass}\, A$ と書く．

系 5.24

A が Noether 環なら，$\bigcup_{\mathfrak{p} \in \mathrm{Ass}\, A} \mathfrak{p} = \{a \in A \mid a \text{ は } A\text{-零因子}\}$ である．

補題 5.25

$0 \to L \to M \to N \to 0$ が A-加群の完全列なら,

$$\mathrm{Ass}_A L \subseteq \mathrm{Ass}_A M \subseteq \mathrm{Ass}_A L \cup \mathrm{Ass}_A N$$

である.

[証明] $\mathrm{Ass}_A L \subseteq \mathrm{Ass}_A M$ は自明である. $\mathrm{Ass}_A M \subseteq \mathrm{Ass}_A L \cup \mathrm{Ass}_A N$ を示す. L は M の部分加群, $N = M/L$ としてよい. $\mathfrak{p} \in \mathrm{Ass}_A M$ なら, A-加群の単射 $f : A/\mathfrak{p} \to M$ が得られる:

$$\begin{array}{ccccccccc} 0 & \longrightarrow & L & \xrightarrow{i} & M & \xrightarrow{\varepsilon} & N & \longrightarrow & 0 \\ & & & & \uparrow{\scriptstyle f} & & & & \\ & & & & A/\mathfrak{p} & & & & \end{array}$$

$K = L \cap \mathrm{Im}\, f$ とおく. もし $K \neq (0)$ なら, $K \subseteq \mathrm{Im}\, f \cong A/\mathfrak{p}$ であるから, $\mathrm{Ass}_A K = \{\mathfrak{p}\}$ であることが従い[5], $K \subseteq L$ より $\mathfrak{p} \in \mathrm{Ass}_A L$ を得る. $K = (0)$ なら, 合成射 $\varepsilon \circ f : A/\mathfrak{p} \to N$ は単射であるから, $\mathfrak{p} \in \mathrm{Ass}_A N$ である. □

系 5.26

$\{M_i\}_{i \in I}$ が A-加群の族なら,

$$\mathrm{Ass}_A \left(\bigoplus_{i \in I} M_i \right) = \bigcup_{i \in I} \mathrm{Ass}_A M_i$$

である.

5) 例 5.20 参照.

[証明] 各 M_i は同型の意味で $\bigoplus_{i \in I} M_i$ の部分加群であるから[6], $\mathrm{Ass}_A\left(\bigoplus_{i \in I} M_i\right) \supseteq \bigcup_{i \in I} \mathrm{Ass}_A M_i$ が正しい．逆向きの包含を示す．$\mathfrak{p} \in \mathrm{Ass}_A \bigoplus_{i \in I} M_i$ とし，$\mathfrak{p} = (0) :_A x \left(0 \neq x \in \bigoplus_{i \in I} M_i\right)$ と表せば，I の空でない有限部分集合 J で $x \in \bigoplus_{j \in J} M_j$ となるものがある．このとき，$\mathfrak{p} \in \mathrm{Ass}_A \bigoplus_{j \in J} M_j$ であるから，集合 I が有限の場合に証明すれば十分である．完全列

$$0 \to M_i \to \bigoplus_{i \in I} M_i \to \bigoplus_{j \in I \setminus \{i\}} M_j \to 0$$

に補題 5.25 を適用すれば，$\sharp I$ についての帰納法により，$\mathfrak{p} \in \bigcup_{i \in I} \mathrm{Ass}_A M_i$ が容易に従う． □

命題 5.27

任意の $\Phi \subseteq \mathrm{Ass}_A M$ に対し，A-加群の完全列 $0 \to L \to M \to N \to 0$ をとって，$\mathrm{Ass}_A L = \mathrm{Ass}_A M \setminus \Phi$ と $\mathrm{Ass}_A N = \Phi$ が成り立つようにすることができる．

[証明] $\Psi = \mathrm{Ass}_A M \setminus \Phi$ とおく．$\mathcal{S} = \{X \mid X$ は M の部分加群, $\mathrm{Ass}_A X \subseteq \Psi\}$ とおき，集合 $\mathcal{S}$ を包含関係により順序集合とみなす．$(0) \in \mathcal{S}$ であるから，$\mathcal{S} \neq \emptyset$ である．$\mathcal{S}$ 内の任意の鎖 $\mathcal{C}$ は上に有界であるから，Zorn の補題により極大元 $L \in \mathcal{S}$ が存在する．このとき，$\mathrm{Ass}_A M/L \subseteq \Phi$ である．実際，$\mathfrak{p} \in \mathrm{Ass}_A M/L$ を選び，M の部分加群 F $(L \subseteq F)$ を $A/\mathfrak{p} \cong F/L$ と取れば，L の極大性と完全列

6) 命題 4.11 参照.

$$0 \to L \to F \to A/\mathfrak{p} \to 0$$

より $\mathrm{Ass}_A L \subsetneq \mathrm{Ass}_A F \subseteq \mathrm{Ass}_A L \cup \{\mathfrak{p}\}$ が従う．故に $\mathrm{Ass}_A F = \mathrm{Ass}_A L \cup \{\mathfrak{p}\}$ である．したがって，$\mathfrak{p} \in \mathrm{Ass}_A M$ であることと L の極大性より $\mathfrak{p} \notin \Psi$ であることが得られ，$\mathfrak{p} \in \Phi$ がわかる．

$$\mathrm{Ass}_A M \subseteq \mathrm{Ass}_A M/L \cup \mathrm{Ass}_A L \subseteq \Phi \cup \Psi = \mathrm{Ass}_A M$$

より，$\mathrm{Ass}_A L = \Psi$ と $\mathrm{Ass}_A M/L = \Phi$ が従う．□

以下，S は A の積閉集合とし，$\mathrm{Spec}(A, S) = \{\mathfrak{p} \in \mathrm{Spec}\, A \mid \mathfrak{p} \cap S = \emptyset\}$ とおく．

命題 5.28

$\mathfrak{p} \in \mathrm{Spec}(A, S)$ とする．

(1) $\mathfrak{p} \in \mathrm{Ass}_A M$ なら，$S^{-1}\mathfrak{p} \in \mathrm{Ass}_{S^{-1}A} S^{-1}M$ である．

(2) $\mathfrak{p}$ が有限生成なら，(1) は逆も正しい．

[証明] (1) A-加群の単射 $f : A/\mathfrak{p} \to M$ から $S^{-1}A$-加群の単射 $S^{-1}f : S^{-1}A/S^{-1}\mathfrak{p} \to S^{-1}M$ が導かれる．故に $S^{-1}\mathfrak{p} \in \mathrm{Ass}_{S^{-1}A} S^{-1}M$ である．

(2) $x \in M$ を $S^{-1}\mathfrak{p} = (0) :_{S^{-1}A} \dfrac{x}{1}$ と取る．イデアル $\mathfrak{p}$ は有限生成であって，任意の元 $a \in \mathfrak{p}$ について $\dfrac{a}{1} \cdot \dfrac{x}{1} = 0$ であるから，$s \in S$ を $\mathfrak{p}(sx) = (0)$ が成り立つよう取ることができる．このとき $\mathfrak{p} = (0) :_A sx$ である．実際，$a \in A$ について $a(sx) = 0$ なら，$\dfrac{a}{1} \cdot \dfrac{x}{1} = 0$ であるから，$\dfrac{a}{1} \in S^{-1}\mathfrak{p}$ となり $a \in \mathfrak{p}$ が従う．故に $\mathfrak{p} \in \mathrm{Ass}_A M$ である．□

系 5.29

A が Noether 環なら

$$\mathrm{Ass}_{S^{-1}A} S^{-1}M = \{S^{-1}\mathfrak{p} \mid \mathfrak{p} \in \mathrm{Ass}_A M \cap \mathrm{Spec}(A,S)\}$$

である.

命題 5.30

M の部分加群 L で

$$\mathrm{Ass}_A L = \mathrm{Ass}_A M \setminus \mathrm{Spec}(A,S),$$
$$\mathrm{Ass}_A M/L = \mathrm{Ass}_A M \cap \mathrm{Spec}(A,S)$$

を満たすものがただ一つ存在する.

[証明] $\Phi = \mathrm{Ass}_A M \cap \mathrm{Spec}(A,S)$ とおく. 命題 5.27 によって, $\mathrm{Ass}_A L = \mathrm{Ass}_A M \setminus \Phi$, $\mathrm{Ass}_A M/L = \Phi$ となる M の部分 A-加群 L が少なくも一つは存在する. 一意性を示そう. $\mathrm{Ass}_{S^{-1}A} S^{-1}L = \{S^{-1}\mathfrak{p} \mid \mathfrak{p} \in \mathrm{Ass}_A L \cap \mathrm{Spec}(A,S)\}$ であるから, $\mathrm{Ass}_{S^{-1}A} S^{-1}L = \emptyset$ であって, $S^{-1}L = (0)$ が得られる. 故に, $L \subseteq \mathrm{Ker}(M \to S^{-1}M)$ である. $K = \mathrm{Ker}(M \to S^{-1}M)$ とおく. $x \in K$ を取ると, ある $s \in S$ に対し $sx = 0$ となるので, A-加群 M/L 内で等式 $s\overline{x} = 0$ が成り立つ. 故に, もしも $x \notin L$ ならば, 元 s は加群 M/L に対し零因子として作用するので, $s \in \mathfrak{p}$ がある $\mathfrak{p} \in \mathrm{Ass}_A M/L = \Phi$ に対して成り立つはずであるが, $\Phi \subseteq \mathrm{Spec}(A,S)$ であるから不可能である. 故に $x \in L$ となり, 等式 $L = K$ が従う. □

系 5.31

(1) $\mathrm{Ass}_A M \subseteq \mathrm{Supp}_A M$ である.

(2) A は Noether 環, $\mathfrak{q} \in \mathrm{Spec}\, A$ とする. このとき, $\mathfrak{q} \in$

$\mathrm{Supp}_A M$ であるための必要十分条件は，$\mathfrak{q}$ が少なくとも一つの $\mathfrak{p} \in \mathrm{Ass}_A M$ を含むことである．

故に，環 A が Noether なら，$\mathrm{Supp}_A M$ と $\mathrm{Ass}_A M$ は極小元を共有する．

[証明]　(2) $\mathfrak{q} \in \mathrm{Supp}_A M$ なら $M_{\mathfrak{q}} \neq (0)$ であるから，系 5.29 に従う．□

系 5.32

A は Noether 環，M は有限生成とし，$I = (0) :_A M$ とすると

$$\sqrt{I} = \bigcap_{\mathfrak{p} \in \mathrm{Ass}_A M} \mathfrak{p}$$

である．

定理 5.33　**Bourbaki の filtration**

A は Noether 環，M は有限生成とする．このとき，M の部分加群の列

$$(0) = M_n \subsetneq M_{n-1} \subsetneq \cdots \subsetneq M_1 \subsetneq M_0 = M$$

と A の素イデアルの族 $\{\mathfrak{p}_i\}_{0 \leq i \leq n-1}$ をとって，各 $0 \leq i \leq n-1$ に対し A-加群として

$$M_i/M_{i+1} \cong A/\mathfrak{p}_i$$

であるようにすることができる．

[証明]　$M \neq (0)$ としてよい．M の部分加群 X で定理に述べたような部分加群の列と素イデアルを持つようなものからなる集合を $\mathcal{S}$ とおく．$\mathrm{Ass}_A M \neq \emptyset$ であるから $\mathcal{S} \neq \emptyset$ である．L を $\mathcal{S}$ の極大元とす

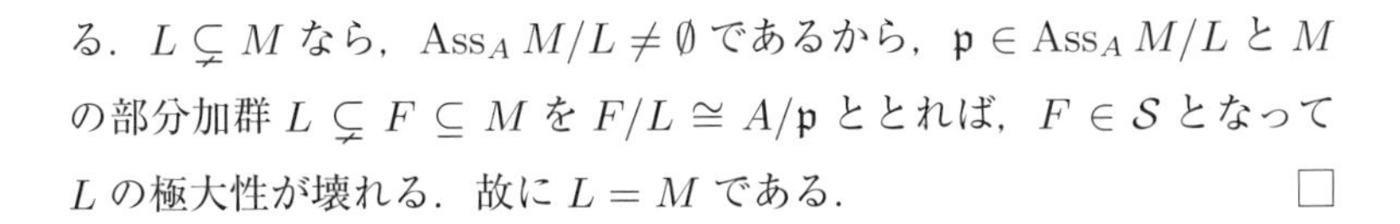

る．$L \subsetneq M$ なら，$\mathrm{Ass}_A M/L \neq \emptyset$ であるから，$\mathfrak{p} \in \mathrm{Ass}_A M/L$ と M の部分加群 $L \subsetneq F \subseteq M$ を $F/L \cong A/\mathfrak{p}$ ととれば，$F \in \mathcal{S}$ となって L の極大性が壊れる．故に $L = M$ である． □

系 5.34

環 A が Noether で M が有限生成なら，定理 5.33 の記号で

$$\mathrm{Ass}_A M \subseteq \{\mathfrak{p}_0, \mathfrak{p}_1, \ldots, \mathfrak{p}_{n-1}\} \subseteq \mathrm{Supp}_A M$$

である．したがって $\mathrm{Ass}_A M$ は有限集合である．

[証明] 補題 5.25 により $\mathrm{Ass}_A M \subseteq \{\mathfrak{p}_0, \mathfrak{p}_1, \ldots, \mathfrak{p}_{n-1}\}$ である． □

系 5.35

A は Noether 環，M が有限生成なら，次の条件は同値である．

(1) $\ell_A(M) < \infty$ である．

(2) $\mathrm{Ass}_A M \subseteq \mathrm{Max}\, A$ である．

(3) $\mathrm{Supp}_A M \subseteq \mathrm{Max}\, A$ である．

[証明] (1) ⇒ (2)：$\mathfrak{p} \in \mathrm{Ass}_A M$ なら，$A/\mathfrak{p}$ は M の部分加群と同型である．故に，環 $A/\mathfrak{p}$ は Artin であって，$\mathfrak{p} \in \mathrm{Max}\, A$ である．

(2) ⇒ (3)：$\mathfrak{p} \in \mathrm{Supp}_A M$ なら，ある $\mathfrak{m} \in \mathrm{Ass}_A M$ を含む．$\mathfrak{m} \in \mathrm{Max}\, A$ であるから $\mathfrak{p} = \mathfrak{m}$ となり，$\mathfrak{p} \in \mathrm{Max}\, A$ である．

(3) ⇒ (1)：定理 5.33 のように M の部分加群 $\{M_i\}_{0 \leq i \leq n}$ と A の素イデアル $\{\mathfrak{p}_i\}_{0 \leq i \leq n-1}$ をとれば，各 $0 \leq i \leq n-1$ に対し $\mathfrak{p}_i \in \mathrm{Supp}_A M \subseteq \mathrm{Max}\, A$ であるから

$$(0) = M_n \subsetneq M_{n-1} \subsetneq \cdots \subsetneq M_1 \subsetneq M_0 = M$$

は M の組成列である． □

命題 5.36

A は Noether 環で M が有限生成なら，任意の A-加群 N について

$$\mathrm{Ass}_A(\mathrm{Hom}_A(M,N)) = \mathrm{Supp}_A M \cap \mathrm{Ass}_A N$$

である．

[証明] 完全列 $A^n \to M \to 0$ から単射

$$0 \to \mathrm{Hom}_A(M,N) \to \mathrm{Hom}_A(A^n,N) \cong N^n$$

が得られ，$\mathrm{Ass}_A(\mathrm{Hom}_A(M,N)) \subseteq \mathrm{Ass}_A N$ が従う．

$\mathfrak{p} \in \mathrm{Ass}_A(\mathrm{Hom}_A(M,N))$ なら

$$\mathrm{Hom}_{A_\mathfrak{p}}(M_\mathfrak{p},N_\mathfrak{p}) \cong [\mathrm{Hom}_A(M,N)]_\mathfrak{p} \neq (0)$$

であるから[7]，$M_\mathfrak{p} \neq (0)$ である．故に

$$\mathrm{Ass}_A(\mathrm{Hom}_A(M,N)) \subseteq \mathrm{Supp}_A M \cap \mathrm{Ass}_A N$$

である．$\mathfrak{p} \in \mathrm{Supp}_A M \cap \mathrm{Ass}_A N$ と仮定し，$\mathfrak{p} \in \mathrm{Ass}_A(\mathrm{Hom}_A(M,N))$ であることを示す．系 5.31 より，$\mathfrak{p}A_\mathfrak{p} \in \mathrm{Ass}_{A_\mathfrak{p}}(\mathrm{Hom}_{A_\mathfrak{p}}(M_\mathfrak{p},N_\mathfrak{p}))$ が成り立てば十分であるから，局所化 $A_\mathfrak{p}$ を通し，$(A,\mathfrak{m})$ は局所環であって $\mathfrak{p}=\mathfrak{m}$ であると仮定することができる．M は有限生成で $M \neq (0)$ であるから，Krull-東屋の補題[8]によって $M/\mathfrak{m}M \neq (0)$ である．$M/\mathfrak{m}M$ は剰余体 $A/\mathfrak{m}$ 上のベクトル空間であるから，全射 $M/\mathfrak{m}M \to A/\mathfrak{m} \to 0$ が存在し，単射

$$0 \to \mathrm{Hom}_A(A/\mathfrak{m},N) \to \mathrm{Hom}_A(M,N)$$

7) この同型については，問題 4.30 参照．
8) 問題 4.5 参照．

が得られる．仮定により $\mathrm{Hom}_A(A/\mathfrak{m}, N) \neq (0)$ であるから，$\mathfrak{m} \in \mathrm{Ass}_A(\mathrm{Hom}_A(A/\mathfrak{m}, N))$ であり，$\mathfrak{m} \in \mathrm{Ass}_A(\mathrm{Hom}_A(M, N))$ が従う．

□

L は M の部分加群とする．$\sharp\mathrm{Ass}_A M/L = 1$ が成り立つとき，L は M の準素部分加群であるという．$\mathrm{Ass}_A M/L = \{\mathfrak{p}\}$ のとき，L は $\mathfrak{p}$-準素であるという．

補題 5.37

次の条件を考える．

(1) $\sharp\mathrm{Ass}_A M = 1$ である．

(2) $\mathrm{Ass}_A M \neq \emptyset$ であって，$a \in A$ とすると，写像 $\widehat{a} : M \to M, x \mapsto ax$ は単射であるか，または，各 $x \in M$ に対し整数 $n \geq 1$ が存在して $a^n x = 0$ である．

このとき，(2) $\Rightarrow$ (1) が常に正しい．A が Noether 環なら，(1) $\Rightarrow$ (2) も正しい．

[証明] (2) $\Rightarrow$ (1)：$\mathfrak{p}, \mathfrak{q} \in \mathrm{Ass}_A M$ とし，$\mathfrak{q} = (0) :_A x$ $(0 \neq x \in M)$ と書く．$\mathfrak{p} \not\subseteq \mathfrak{q}$ なら，元 $a \in \mathfrak{p} \setminus \mathfrak{q}$ をとれば，a は M-零因子であるから，ある整数 $n \geq 1$ に対し $a^n x = 0$ となる．$a^n \in \mathfrak{q}$ であるから $a \in \mathfrak{q}$ となるが，これは不可能である．故に，$\mathfrak{p} \subseteq \mathfrak{q}$ であり，$\sharp\mathrm{Ass}_A M = 1$ となる．

(1) $\Rightarrow$ (2)：$\mathrm{Ass}_A M = \{\mathfrak{p}\}$ とし $a \in A$ をとる．$a \notin \mathfrak{p}$ なら a は M-非零因子である．$a \in \mathfrak{p}$ と仮定しよう．$0 \neq x \in M$ をとり，$N = Ax$，$I = (0) :_A Ax$ とおく．すると，$\mathrm{Ass}_A N = \{\mathfrak{p}\}$ であるから，系 5.32 より $\mathfrak{p} = \sqrt{I}$ である．整数 $n > 0$ を $a^n \in I$ ととれば $a^n x = 0$ となる．

□

問題 5.38

$\varphi : A \to B$ は環の準同型写像，B は Noether 環とする．補題 5.37 を用いて，任意の B-加群 M について

$$\mathrm{Ass}_A M = \{\mathfrak{p} \cap A \mid \mathfrak{p} \in \mathrm{Ass}_B M\}$$

であることを証明せよ．

A は Noether 環と仮定する．$I\ (\neq A)$ が環 A のイデアルなら，I が環 A の準素イデアルであることと A の準素部分加群であることは同値である．

次の定理がこの節のゴールである．Noether 環のイデアルの準素分解と随伴素イデアルの理論（Lasker-Noether の分解定理）は今日では下記のように記述される．イデアルの場合とは真逆の理論構成になっていることは，著者には驚くべきことに思われる．

定理 5.39

A は Noether 環とする．L は M の部分加群で $L \neq M$ とし，$\mathcal{F} = \mathrm{Ass}_A M/L$ とおく．このとき，M の部分加群の族 $\{\mathrm{N}(\mathfrak{p})\}_{\mathfrak{p}\in\mathcal{F}}$ を次の条件を満たすように選ぶことができる．

(1) 任意の $\mathfrak{p} \in \mathcal{F}$ に対し $\mathrm{Ass}_A M/\mathrm{N}(\mathfrak{p}) = \{\mathfrak{p}\}$ である．

(2) $L = \bigcap_{\mathfrak{p}\in\mathcal{F}} \mathrm{N}(\mathfrak{p})$ である．

[証明]　命題 5.30 により，$\mathfrak{p} \in \mathcal{F}$ について L を含む M の部分加群 $\mathrm{N}(\mathfrak{p})$ を

$$\mathrm{Ass}_A M/\mathrm{N}(\mathfrak{p}) = \{\mathfrak{p}\},\quad \mathrm{Ass}_A \mathrm{N}(\mathfrak{p})/L = \mathcal{F} \setminus \{\mathfrak{p}\}$$

が成り立つように取ることができる．$X = \bigcap_{\mathfrak{p}\in\mathcal{F}} \mathrm{N}(\mathfrak{p})$ とおくと，$X =$

L となる．実際，すべての $\mathfrak{p} \in \mathcal{F}$ について

$$\mathrm{Ass}_A X/L \subseteq \mathrm{Ass}_A \mathrm{N}(\mathfrak{p})/L$$

であるから，

$$\mathrm{Ass}_A X/L \subseteq \bigcap_{\mathfrak{p} \in \mathcal{F}} \mathrm{Ass}_A(\mathrm{N}(\mathfrak{p})/L) \subseteq \bigcap_{\mathfrak{p} \in \mathcal{F}} (\mathcal{F} \setminus \{\mathfrak{p}\}) = \emptyset$$

が得られ，$X = L$ が従う． □

5.4 加群の次元

A は可換環，M は A-加群とする．加群の次元について簡単にまとめておこう．まず定義であるが，

$$\dim_A M = \begin{cases} \sup\{n \geq 0 \mid \exists\, \mathfrak{p}_0 \subsetneq \mathfrak{p}_1 \subsetneq \cdots \subsetneq \mathfrak{p}_n \text{ in } \mathrm{Supp}_A M\} & (M \neq (0)) \\ -\infty & (M = (0)) \end{cases}$$

とおき，加群 M の次元という．

A が Noether 環なら，$\mathrm{Ass}_A M$ と $\mathrm{Supp}_A M$ は極小元を共有するので，

$$\dim_A M = \sup_{\mathfrak{p} \in \mathrm{Ass}_A M} \dim A/\mathfrak{p}$$

となる．M が有限生成なら $\mathrm{Supp}_A M = \mathrm{V}((0) :_A M)$ であるから，

$$\dim_A M = \dim A/[(0) :_A M]$$

である．

以下，A は極大イデアル $\mathfrak{m}$ を持つ Noether 局所環，M は有限生成で $M \neq (0)$ とし，$d = \dim_A M$ とおく．$0 \leq d \leq \dim A$ であるから，d は非負整数である．

$$\mathrm{Assh}_A M = \{\mathfrak{p} \in \mathrm{Supp}_A M \mid \dim A/\mathfrak{p} = d\},$$
$$\mathrm{Min}_A M = \{\mathfrak{p} \in \mathrm{Supp}_A M \mid \mathfrak{p} \text{ は } \mathrm{Supp}_A M \text{ 内で極小である }\}$$

とおく．

$$\mathrm{Assh}_A M \subseteq \mathrm{Min}_A M \subseteq \mathrm{Ass}_A M \subseteq \mathrm{Supp}_A M$$

であり，系 5.35 によって，$\ell_A(M) < \infty$ であるための必要十分条件は $\dim_A M = 0$ である．$J = (0) :_A M$ とし，I を環 A のイデアルで $I \neq A$ とすると，命題 5.36 により

$$\mathrm{Supp}_A M/IM = \mathrm{V}(I) \cap \mathrm{Supp}_A M = \mathrm{V}(I + J)$$

であるから，$\ell_A(M/IM) < \infty$ であることと $\dim A/(I+J) = 0$，即ち $\sqrt{I+J} = \mathfrak{m}$ が同値となる．したがって，系 3.52 より，次が得られる．

命題 5.40

$\dim_A M$ は，$\ell_A(M/(f_1, f_2, \ldots, f_n)M) < \infty$ となるような $\mathfrak{m}$ の元 $\{f_i\}_{1 \leq i \leq n}$ が存在する整数 $n \geq 0$ の最小値に等しい．

環の場合と同様に，$\ell_A(M/(f_1, f_2, \ldots, f_d)M) < \infty$ となる $\mathfrak{m}$ の d 個の元 $f_1, f_2, \ldots, f_d$ を加群 M の巴系[9]と呼ぶ．

9)　a system of parameters の訳である．

命題 5.41

$f \in \mathfrak{m}$ とする．次が正しい．

(1) $d-1 \leq \dim_A M/fM \leq d$ である．

(2) $\dim_A M/fM = d-1$ である，即ち f が M の巴系の一部であるための必要十分条件は，$f \notin \bigcup_{\mathfrak{p} \in \mathrm{Assh}_A M} \mathfrak{p}$ である．

[証明] (1) $\dim_A M/fM \leq d-2$ なら，$\mathfrak{m}$ の元 $f_2, \ldots, f_{d-1}$ をとって $\ell_A(M/(f, f_2, \ldots, f_{d-1})M) < \infty$ とすることができるが，これは M の次元 d の定義に反する．

(2) $\mathrm{Supp}_A M \cap \mathrm{V}(fA) = \mathrm{Supp}_A M/fM$ である．故に，$\mathfrak{p} \in \mathrm{Assh}_A M$ で $f \in \mathfrak{p}$ なら，$\dim_A M/fM \geq \dim A/\mathfrak{p} = d$ となる．もし $f \notin \bigcup_{\mathfrak{p} \in \mathrm{Assh}_A M} \mathfrak{p}$ なら，$\mathfrak{q} \in \mathrm{Assh}_A M/fM$ とすると，$\mathfrak{q} \in \mathrm{Supp}_A M$ であるが $f \in \mathfrak{q}$ であるので，$\mathfrak{q} \notin \mathrm{Assh}_A M$ である．故に，$\dim_A M/fM = \dim A/\mathfrak{q} < d$ であり，(1) より $\dim_A M/fM = d-1$ が従う． □

系 5.42

$f \in \mathfrak{m}$ が M-非零因子なら，$\dim_A M/fM = d-1$ である．

[証明] $f \notin \bigcup_{\mathfrak{p} \in \mathrm{Ass}_A M} \mathfrak{p}$ であって $\mathrm{Assh}_A M \subseteq \mathrm{Ass}_A M$ だからである． □

I を A の $\mathfrak{m}$-準素イデアルとすると，整数 $n \geq 0$ の関数として $\ell_A(M/I^{n+1}M)$ は十分大なる n について次数 $\boldsymbol{d}$ の多項式

$$\ell_A(M/I^{n+1}M) = \sum_{i=0}^{d}(-1)^i \, \mathrm{e}_I^i(M)\binom{n+d-i}{d-i}$$

であることが知られている[10)]．ただし $\mathrm{e}_I^i(M)$ はすべて整数であって，$\mathrm{e}_I^0(M) > 0$ である．この多項式は M のイデアル $\boldsymbol{I}$ に関する **Hilbert** 多項式と呼ばれ，局所環や加群の構造を知るための大事な手がかりの一つとなっている．

10)　より詳しくは [1, Chapter 11] を参照してほしい．

第6章

Homology代数の基本をつかもう

Homology 代数は本質的に環上の線型代数である．現代homology 代数は非常に精緻なものになっていて，高い完成度を示している．以下に述べることは，可換環論を展開するのに必要な homology 代数の勘どころである．ここに書かれていることを基盤に自分で考え必要なことを補い，新たに出会った未知の結果であっても，証明はできるだけ自分の力で付けるよう努力してほしい．そのための必要かつ十分な知識をまとめたつもりである．

6.1　函手 Ext

以下，A は可換環とする．

F, L は A-加群とする．$\varepsilon \circ \iota = 1_L$ が成り立つような A-線型写像 $\iota : L \to F$ と $\varepsilon : F \to L$，すなわち

$$1_L : L \xrightarrow{\iota} F \xrightarrow{\varepsilon} L$$

が存在するとき，L は F の**直和因子**であるという．この条件は，$F = X \oplus Y$，$L \cong X$ が成り立つような F の部分加群 X, Y が存在することと同値である[1]．L が F の直和因子であることを $L \lhd_{\oplus} F$ と書き，自由加群の直和因子を**射影加群**と呼ぶ．したがって，自由加群は射影加群である．また，$A \to B$ が環の準同型写像なら，任意の射影 A-加群 P に対し $B \otimes_A P$ は射影 B-加群となっている．

命題 6.1

P は A-加群とする．次の条件は同値である．

(1) P は射影加群である．

(2) $\mathrm{Hom}_A(P, *)$ は完全函手である．即ち，A-加群の完全列 $0 \to X \to Y \to Z \to 0$ に対し，$0 \to \mathrm{Hom}_A(P, X) \to \mathrm{Hom}_A(P, Y) \to \mathrm{Hom}_A(P, Z) \to 0$ も完全である．

(3) A-加群の完全列 $Y \xrightarrow{g} Z \to 0$ を与えれば，任意の A-線型写像 $\alpha : P \to Z$ に対し，等式 $\alpha = g \circ \beta$ を満たす A-線型写像 $\beta : P \to Y$ を見つけることができる．

[証明]　(1) $\Rightarrow$ (2)：$0 \to X \to Y \xrightarrow{g} Z \to 0$ は A-加群の完全列とする．命題 4.8 より，射 $g_* : \mathrm{Hom}_A(P, Y) \to \mathrm{Hom}_A(P, Z)$ が全射であることを示せば十分である．A-加群の系列

1)　$X = \mathrm{Im}\,\iota$, $Y = \mathrm{Ker}\,\varepsilon$ と取るとよい．

$$P \xrightarrow{\iota} F \xrightarrow{\varepsilon} P$$

を $\varepsilon \circ \iota = 1_P$ と取る．ただし F は自由加群とする．さて $\alpha : P \to Z$ は線型写像とする．

$$\begin{array}{ccccc} & & Y & \xrightarrow{g} & Z & \longrightarrow 0 \\ & & & & \uparrow \alpha & \\ P & \xrightarrow{\iota} & F & \xrightarrow{\varepsilon} & P & \end{array}$$

このとき，線型写像 $h : F \to Y$ を選んで $\alpha \circ \varepsilon = g \circ h$ となるようにできれば，$\beta = h \circ \iota$ が求める線型写像である．$\{\mathbf{e}_i\}_{i \in I}$ を F の自由基底としよう．各 $i \in I$ に対し $y_i \in Y$ を $g(y_i) = (\alpha \circ \varepsilon)(\mathbf{e}_i)$ と取って，Y の元の族 $\{y_i\}_{i \in I}$ から定まる線型写像 $h : F \to Y$, $h(\mathbf{e}_i) = y_i$ for $\forall i \in I$ を考えれば，これが求める射 h となっている．

(2) $\Rightarrow$ (3)：明らかである．

(3) $\Rightarrow$ (1)：加群 P を何かある自由 A-加群 F の準同型像と表し，全射 $F \xrightarrow{\varepsilon} P \to 0$ と射 $1_P : P \to P$ を考えれば，線型写像 $\iota : P \to F$ が得られ，$\varepsilon \circ \iota = 1_P$ となる．ゆえに，P は射影加群である． □

問題 6.2

P は有限生成 A-加群とする．次の条件は同値であることを証明せよ．

(1) P は射影加群である．

(2) P は平坦であってかつ，$A^m \to A^n \to P \to 0$ という形の A-加群の完全列が存在する．ここで $m, n \geq 1$ は整数とする．

命題 6.1 の証明ですでに用いたことであるが，すべての A-加群 M は自由 A-加群の準同型像である．実際，F_0 を集合 M を基底として含む自由加群とし，$\varphi_0(m) = m$ $(m \in M)$ によって定まる A-

線型写像 $\varphi_0 : F_0 \to M$ を考えると，φ_0 は求める全射の一つとなる．もちろん，$K_0 = \operatorname{Ker}\varphi_0$ も自由 A-加群 F_1 の準同型像であるから，この操作を繰り返すことにより，F_i が全て自由 A-加群であるような完全列

$$\cdots \to F_i \to F_{i-1} \to \cdots \to F_1 \to F_0 \to M \to 0$$

が得られる．自由加群は射影加群であるので，任意の A-加群 M に対し，P_i が全て射影 A-加群であるような A-加群の完全列

$$\cdots \to P_i \xrightarrow{\partial_i} P_{i-1} \to \cdots \to P_1 \xrightarrow{\partial_1} P_0 \xrightarrow{\varepsilon} M \to 0$$

が得られる．これを加群 M の**射影分解**と呼ぶ．

定理 6.3　lifting と比較定理

M と N は A-加群とする．

$$\cdots \to P_i \xrightarrow{\partial_i} P_{i-1} \to \cdots \xrightarrow{\partial_2} P_1 \xrightarrow{\partial_1} P_0 \xrightarrow{\varepsilon} M \to 0$$

は，すべての P_i が射影加群であるような A-加群の鎖状複体であって，

$$\cdots \to Q_i \xrightarrow{\partial'_i} Q_{i-1} \to \cdots \xrightarrow{\partial'_2} Q_1 \xrightarrow{\partial'_1} Q_0 \xrightarrow{\varepsilon'} N \to 0$$

は，A-加群の完全列とする．このとき，A-線型写像 $f : M \to N$ を与えると，A-線型写像の族

$$\{f_i : P_i \to Q_i\}_{i \geq 0}$$

を，次の条件を満たすように選ぶことができる：

(1) $f \circ \varepsilon = \varepsilon' \circ f_0$ である．

(2) すべての $i \geq 0$ に対し等式 $f_i \circ \partial_{i+1} = \partial'_{i+1} \circ f_{i+1}$ が成り立つ．

族 $\{f_i\}_{i\geq 0}$ を A-線型写像 f の **lifting**（持ち上げ）と呼ぶ.

$\{f_i\}_{i\geq 0}$ と $\{g_i\}_{i\geq 0}$ が同じ線型写像 $f : M \to N$ の二つの liftings なら，A-線型写像の族 $\{s_i\}_{i\in\mathbb{Z}}$ を選んで，任意の $i\in\mathbb{Z}$ に対し等式

$$s_{i-1}\partial_i + \partial'_{i+1}s_i = f_i - g_i$$

が成り立つようにすることができる．ただしここで便宜上，$P_i = (0)$, $Q_i = (0)$ $(i < 0)$ としておく．

[証明] lifting の存在は，射影加群の特徴づけ命題 6.1 を繰り返し使うことによる．「比較定理」の証明を述べよう．$h_i = f_i - g_i$ とおく．$\{h_i\}_{i\geq 0}$ を考えることにより，$f = 0$ と仮定してよいことがわかる．$i < 0$ に対しては，$s_i = 0$ と取る．さて，$\varepsilon' \circ h_0 = 0$ であって系列 $Q_. \to N$ は完全であるから，$\mathrm{Im}\, h_0 \subseteq \mathrm{Im}\, \partial'_1$ である．故に，P_0 は射影加群であるから線型写像 $s_0 : P_0 \to Q_1$ を選んで $\partial'_1 \circ s_0 = h_0$，即ち

$$h_0 = s_{-1} \circ \varepsilon + \partial'_1 \circ s_0$$

とすることができる．このとき

$$\partial'_1 \circ (s_0 \circ \partial_1) = (\partial'_1 \circ s_0) \circ \partial_1 = h_0 \circ \partial_1 = \partial'_1 \circ h_1$$

であるから

$$\partial'_1 \circ (s_0 \circ \partial_1 - h_1) = 0$$

が従う．系列 $Q_. \to N$ は完全であるので，$\mathrm{Im}\ (s_0 \circ \partial_1 - h_1) \subseteq \mathrm{Im}\ \partial'_2$ となる．ここで P_1 は射影加群であるから，線型写像 $s_1 : P_1 \to Q_2$ を選んで，$\partial'_2 \circ s_2 = s_1 \circ \partial_1 - h_1$，即ち

$$h_1 = s_1 \circ \partial_1 + \partial'_2 \circ s_2$$

とすることができる．これを繰り返すとよい． □

M, N は A-加群としよう．M の射影分解

$$\cdots \to P_i \xrightarrow{\partial_i} P_{i-1} \xrightarrow{\partial_{i-1}} \cdots \xrightarrow{\partial_2} P_1 \xrightarrow{\partial_1} P_0 \xrightarrow{\varepsilon} M \to 0$$

を取って，A-加群の鎖状複体 $\mathrm{Hom}_A(P., N)$

$$\cdots \to 0 \to \mathrm{Hom}_A(P_0, N) \xrightarrow{\partial_1^*} \mathrm{Hom}_A(P_1, N) \xrightarrow{\partial_2^*}$$
$$\cdots \xrightarrow{\partial_i^*} \mathrm{Hom}_A(P_i, N) \to \cdots$$

の i 番目のコホモロジー $\mathrm{H}^i(\mathrm{Hom}_A(P., N))$ を考え，これを $\mathrm{Ext}_A^i(M, N)$ と書くことにする．$\mathbf{Ext}_A^i(M, N)$ **は** M **の射影分解の取り方によらず，同型の範囲で一意的に定まる**（証明は次の小節で示すことにしよう）．

命題 6.4

$\mathrm{Ext}_A^i(*, *)$ は函手である．

[証明]　$g : N \to N'$ を A-線型写像とすれば，加群 M の射影分解 $P. \to M$ から可換図形

$$\begin{array}{ccccccc}
\cdots \longrightarrow & \mathrm{Hom}_A(P_i, N) & \longrightarrow & \mathrm{Hom}_A(P_{i+1}, N) & \longrightarrow \cdots \\
 & g_* \downarrow & & g_* \downarrow & \\
\cdots \longrightarrow & \mathrm{Hom}_A(P_i, N') & \longrightarrow & \mathrm{Hom}_A(P_{i+1}, N') & \longrightarrow \cdots
\end{array}$$

が得られ，コホモロジーの間に A-線型写像 $\mathrm{Ext}_A^i(M, N) \xrightarrow{g_*} \mathrm{Ext}_A^i(M, N')$ が導かれる．

M, M' を A-加群とし，$f : M \to M'$ は A-線型写像とする．$P. \to M$，$Q. \to M'$ を M，M' の射影分解とすれば，写像 f の lifting $\{f_i\}_{i \geq 0}$ が得られ，これを用いて可換図形

$$\begin{array}{ccccccc}
\cdots \longrightarrow & \mathrm{Hom}_A(P_i,\, N) & \longrightarrow & \mathrm{Hom}_A(P_{i+1},\, N) & \longrightarrow \cdots \\
& {\scriptstyle f_i^*}\uparrow & & {\scriptstyle f_{i+1}^*}\uparrow & \\
\cdots \longrightarrow & \mathrm{Hom}_A(Q_i,\, N') & \longrightarrow & \mathrm{Hom}_A(Q_{i+1},\, N') & \longrightarrow \cdots
\end{array}$$

が得られ，コホモロジーの間に線型写像 $\mathrm{Ext}_A^i(M', N) \xrightarrow{f_i^*} \mathrm{Ext}_A^i(M, N)$ が導かれる．比較定理 6.3 が保証しているのは，この写像 $f^* : \mathrm{Ext}_A^i(M', N) \xrightarrow{f_i^*} \mathrm{Ext}_A^i(M, N)$ が f の lifting $\{f_i\}_{i\geq 0}$ の取り方には拠らず，f のみで定まることである．$\mathrm{Ext}_A^i(*, *)$ が M, N に関する双函手であることの証明は省くが，各自確認されたい． □

6.2 コホモロジーの長完全列

さて次に，函手 $\mathrm{Ext}_A^i(M, *)$ と $\mathrm{Ext}_A^i(*, N)$ に関する長完全列の存在を示し，加群 $\mathrm{Ext}_A^i(M, N)$ が M の射影分解の取り方によらないことを確かめよう．以下，M は A-加群とし，$0 \to X \xrightarrow{\alpha} Y \xrightarrow{\beta} Z \to 0$ は A-加群の完全列とする．

$$\cdots \to P_i \xrightarrow{\partial_i} P_{i-1} \xrightarrow{\partial_{i-1}} \cdots \xrightarrow{\partial_2} P_1 \xrightarrow{\partial_1} P_0 \xrightarrow{\varepsilon} M \to 0$$

を M の射影分解とすれば，可換図形

$$\begin{array}{ccccccccc}
& & \vdots & & \vdots & & \vdots & & \\
& & {\scriptstyle \partial_i^*}\downarrow & & {\scriptstyle \partial_i^*}\downarrow & & {\scriptstyle \partial_i^*}\downarrow & & \\
0 \longrightarrow & & \mathrm{Hom}_A(P_i,\, X) & \xrightarrow{\alpha_*} & \mathrm{Hom}_A(P_i,\, Y) & \xrightarrow{\beta_*} & \mathrm{Hom}_A(P_i,\, Z) & \longrightarrow 0 \\
& & {\scriptstyle \partial_{i+1}^*}\downarrow & & {\scriptstyle \partial_{i+1}^*}\downarrow & & {\scriptstyle \partial_{i+1}^*}\downarrow & & \\
0 \longrightarrow & & \mathrm{Hom}_A(P_{i+1},\, X) & \xrightarrow{\alpha_*} & \mathrm{Hom}_A(P_{i+1},\, Y) & \xrightarrow{\beta_*} & \mathrm{Hom}_A(P_{i+1},\, Z) & \longrightarrow 0 \\
& & {\scriptstyle \partial_{i+2}^*}\downarrow & & {\scriptstyle \partial_{i+2}^*}\downarrow & & {\scriptstyle \partial_{i+2}^*}\downarrow & & \\
& & \vdots & & \vdots & & \vdots & &
\end{array}$$

が得られる．A-加群の鎖状複体

$$\mathrm{Hom}_A(P.,X):\cdots\to 0\to \mathrm{Hom}_A(P_0,X)\to$$
$$\mathrm{Hom}_A(P_1,X)\to\cdots\to \mathrm{Hom}_A(P_i,X)\to\cdots$$

に対し $C_i' = \mathrm{Ker}\,\partial_{i+1}{}^*$，$B_i' = \mathrm{Im}\,\partial_i^*$ とおき，$\mathrm{Hom}_A(P.,Y)$ に対しても C_i，B_i を同様に定め，$\mathrm{Hom}_A(P.,Z)$ については C_i''，B_i'' と表すことにすれば，すべての整数 $i\in\mathbb{Z}$ に対し次の可換図形 (♯)

$$\begin{array}{ccccccc}
\mathrm{Hom}_A(P_i,X)/B_i' & \longrightarrow & \mathrm{Hom}_A(P_i,Y)/B_i & \longrightarrow & \mathrm{Hom}_A(P_i,Z)/B_i'' & \longrightarrow & 0 \\
\downarrow & & \downarrow & & \downarrow & & \\
0\longrightarrow C_{i+1}' & \longrightarrow & C_{i+1} & \longrightarrow & C_{i+1}'' & &
\end{array}$$

が得られる．$\mathrm{Hom}_A(*,*) = \mathrm{Ext}_A^0(*,*)$ であるから，可換図形 (♯) に蛇の補題（定理 4.10）を適用すれば，コホモロジーの長完全列

$$\cdots\to \mathrm{Ext}_A^{i-1}(M,Y)\to \mathrm{Ext}_A^{i-1}(M,Z)\xrightarrow{\Delta}\mathrm{Ext}_A^i(M,X)$$
$$\to \mathrm{Ext}_A^i(M,Y)\to \mathrm{Ext}_A^i(M,Z)\xrightarrow{\Delta}\mathrm{Ext}_A^{i+1}(M,X)\to\cdots$$

が得られる．

上に述べた長完全列内の連結射 Δ の性質を調べよう．

補題 6.5

完全列 $0\to X\to Y\to Z\to 0$ から得られる長完全列内の連結射

$$\Delta:\mathrm{Ext}_A^i(M,Z)\to \mathrm{Ext}_A^{i+1}(M,X)$$

は，完全列 $0\to X\to Y\to Z\to 0$ の射と可換である．即ち，完全列の射

$$\begin{array}{ccccccccc} 0 & \longrightarrow & X & \xrightarrow{\alpha} & Y & \xrightarrow{\beta} & Z & \longrightarrow & 0 \\ & & f\downarrow & & g\downarrow & & h\downarrow & & \\ 0 & \longrightarrow & X' & \xrightarrow{\alpha'} & Y' & \xrightarrow{\beta'} & Z' & \longrightarrow & 0 \end{array}$$

に対し，連結写像から得られる次の図形

$$\begin{array}{ccc} \mathrm{Ext}_A^i(M, Z) & \xrightarrow{\Delta} & \mathrm{Ext}_A^{i+1}(M, X) \\ h_*\downarrow & & f_*\downarrow \\ \mathrm{Ext}_A^i(M, Z') & \xrightarrow{\Delta'} & \mathrm{Ext}_A^{i+1}(M, X') \end{array}$$

は可換である．

[証明] これは，下の図形

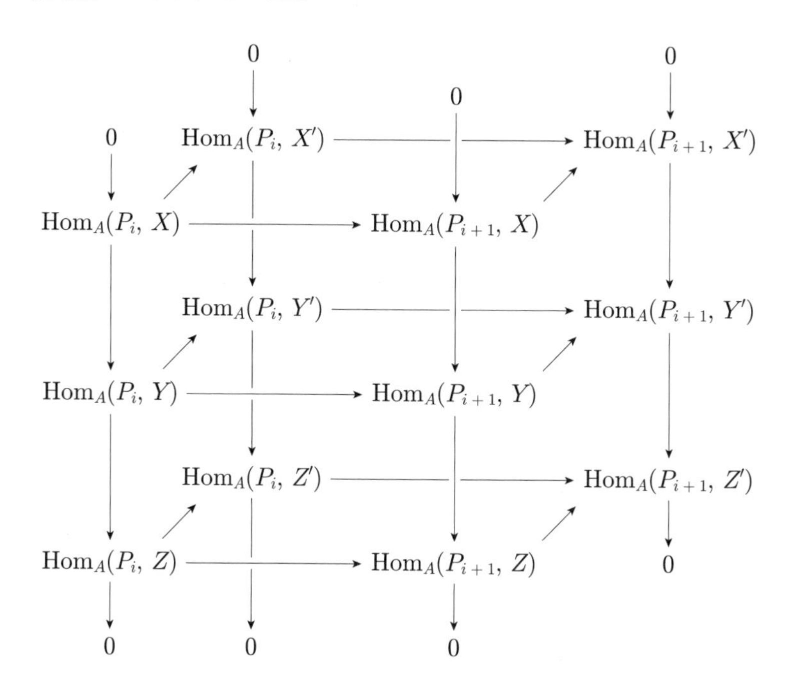

で，すべての面がいかなる $i \in \mathbb{Z}$ に対しても可換であることによる．

□

補題 6.6

$\mathrm{Ext}_A^i(M,N)$ は M の射影分解の取り方にはよらないで，同型の範囲で A-加群 M,N と整数 $i \in \mathbb{Z}$ に対して一意的に定まる．

[証明]　$P. \to M$，$Q. \to M$ を M の射影分解とし，恒等写像 $1_M : M \to M$ の liftings $\{f_i\}_{i\geq 0}$, $\{g_i\}_{i\geq 0}$ を取り，可換図形

$$\begin{array}{ccccccc}
\cdots \longrightarrow & P_1 & \longrightarrow & P_0 & \longrightarrow & M & \longrightarrow 0 \\
& f_1\downarrow & & f_0\downarrow & & \| & \\
\cdots \longrightarrow & Q_1 & \longrightarrow & Q_0 & \longrightarrow & M & \longrightarrow 0 \\
& g_1\downarrow & & g_0\downarrow & & \| & \\
\cdots \longrightarrow & P_1 & \longrightarrow & P_0 & \longrightarrow & M & \longrightarrow 0 \\
& f_1\downarrow & & f_0\downarrow & & \| & \\
\cdots \longrightarrow & P_1 & \longrightarrow & P_0 & \longrightarrow & M & \longrightarrow 0
\end{array}$$

を考えよう．すると，$\{f_i \circ g_i\}_{i\geq 0}$ と $\{g_i \circ f_i\}_{i\geq 0}$ は，どちらも 1_M の liftings である．したがって，任意の A-加群 N に対し合成写像

$$\begin{aligned}
f_i^* \circ g_i^* : \mathrm{H}^i(\mathrm{Hom}_A(P., N)) &\to \mathrm{H}^i(\mathrm{Hom}_A(Q., N)) \\
&\to \mathrm{H}^i(\mathrm{Hom}_A(P., N)), \\
g_i^* \circ f_i^* : \mathrm{H}^i(\mathrm{Hom}_A(Q., N)) &\to \mathrm{H}^i(\mathrm{Hom}_A(P., N)) \\
&\to \mathrm{H}^i(\mathrm{Hom}_A(Q., N))
\end{aligned}$$

は恒等写像である．故に，$\mathrm{H}^i(\mathrm{Hom}_A(P., N)) \cong \mathrm{H}^i(\mathrm{Hom}_A(Q., N))$ である．

□

函手 $\mathrm{Ext}_A^i(*,*)$ についてはもう一つ長完全列が得られる．これを示すには，少し準備が必要である．行，列が完全である A-加群の図形

$$
\begin{array}{ccccccccc}
 & & 0 & & & & 0 & & \\
 & & \uparrow & & & & \uparrow & & \\
0 & \longrightarrow & X & \xrightarrow{\alpha} & Y & \xrightarrow{\beta} & Z & \longrightarrow & 0 \\
 & & {\scriptstyle\varepsilon}\uparrow & & & & {\scriptstyle\tau}\uparrow & & \\
 & & P & & & & Q & &
\end{array}
$$

を考え，P, Q は射影加群であると仮定する．今，等式 $\tau = \beta \circ \gamma$ が成り立つよう A-線型写像 $\gamma : Q \to Y$ を取り，これを用いて線型写像

$$\rho : P \oplus Q \to Y, \quad \rho(x, y) = ((\alpha \circ \varepsilon)(x), \gamma(y))$$

を作れば，可換図形

$$
\begin{array}{ccccccccc}
0 & \longrightarrow & X & \xrightarrow{\alpha} & Y & \xrightarrow{\beta} & Z & \longrightarrow & 0 \\
 & & {\scriptstyle\varepsilon}\uparrow & & {\scriptstyle\rho}\uparrow & & {\scriptstyle\tau}\uparrow & & \\
0 & \longrightarrow & P & \xrightarrow{i} & P \oplus Q & \xrightarrow{p} & Q & \longrightarrow & 0
\end{array}
$$

が得られる．ここで $i : P \to P \oplus Q$, $x \mapsto (x, 0)$ と $p : P \oplus Q \to Q$, $(x, y) \mapsto y$ である[2]．このとき，蛇の補題（定理 4.10）から，写像 ρ は全射であることが従い，同時に完全列

$$0 \to \mathrm{Ker}\,\varepsilon \to \mathrm{Ker}\,\rho \to \mathrm{Ker}\,\tau \to 0$$

が得られる．この操作を繰り返すことによって，X, Z のあらかじめ与えられた射影分解 $P_\cdot \to X$ と $Q_\cdot \to Z$ から，可換図形

2）　したがって，i は分裂単射であって，p は分裂全射である．

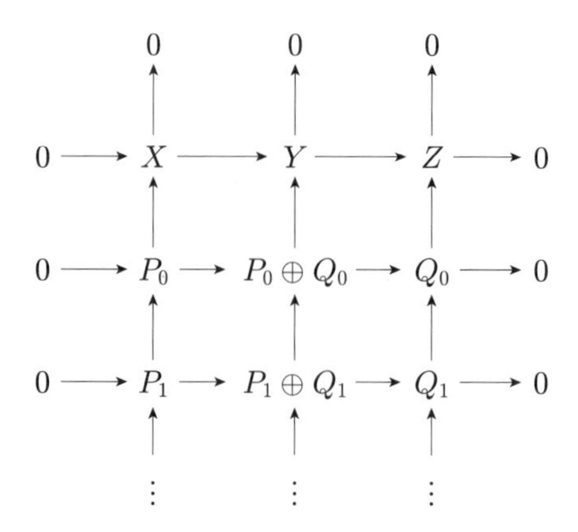

をつくり，その中に新たに Y の射影分解 $P_{.} \oplus Q_{.} \to Y$ を埋め込めることがわかる．したがって，任意の A-加群 N に対し，すべての列が完全であるような可換図形

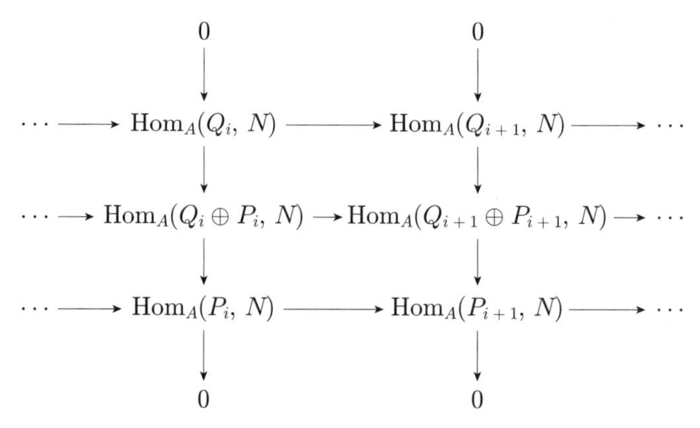

が得られ，コホモロジーの長完全列

$$\cdots \xrightarrow{\Delta} \mathrm{Ext}_A^i(Z, N) \to \mathrm{Ext}_A^i(Y, N)$$
$$\to \mathrm{Ext}_A^i(X, N) \xrightarrow{\Delta} \mathrm{Ext}_A^{i+1}(Z, N) \to \cdots$$

が従う．この長完全列内の連結射 Δ も短い完全列の射と可換となっている．

問題 6.7

$\varphi : A \to B$ は平坦な環準同型写像，A は Noether 環とする．このとき，任意の有限生成 A-加群 M と任意の A-加群 N と任意の整数 $i \in \mathbb{Z}$ に対し，B-加群として

$$B \otimes_A \mathrm{Ext}_A^i(M, N) \cong \mathrm{Ext}_B^i(B \otimes_A M, B \otimes_A N)$$

であることを確かめよ[3]．

6.3 射影次元

M は A-加群とする．$\mathcal{S}$ によって，長さ n の M の射影分解

$$0 \to P_n \to \cdots \to P_1 \to P_0 \to M \to 0$$

が存在するような整数 $n \geq 0$ 集合を表す．

$$\mathrm{pd}_A M = \begin{cases} -\infty & \text{if } M = (0) \\ \min \mathcal{S} & \text{if } M \neq (0) \text{ and } \ \mathcal{S} \neq \emptyset \\ \infty & \text{otherwise} \end{cases}$$

と定め，これを M の**射影次元**という．

次の結果は命題 6.1 より直ちに得られる．

補題 6.8

A-加群 M について次の条件は同値である．

3) 問題 4.30 参照．

(1) $\mathrm{pd}_A M \leq 0$

(2) M は射影加群である.

(3) どんな完全列 $0 \to X \xrightarrow{f} Y \xrightarrow{g} M \to 0$ も分裂する, 即ち, 等式 $g \circ h = 1_M$ をみたす A-線型写像 $h : M \to Y$ が存在する.

---

n に関する帰納法により, より一般に次が正しいことがわかる.

命題 6.9

A-加群 M と整数 $n \geq 0$ について次は同値である.

(1) $\mathrm{pd}_A M \leq n$

(2) 任意の A-加群 X に対し $\mathrm{Ext}_A^{n+1}(M, X) = (0)$ が成り立つ.

(3) 任意の A-加群 X と整数 $i > n$ に対して $\mathrm{Ext}_A^i(M, X) = (0)$ である.

A が Noether 環であって M が有限生成ならば, 条件 (2), (3) における X は有限生成 A-加群に限ることができる.

函手 Ext の長完全列を考察すれば次の結果が従う.

系 6.10

完全列 $0 \to X \to Y \to Z \to 0$ 内の 3 つの加群の内でどれか 2 つの射影次元が有限であれば, 残りの一つの射影次元も必ず有限である.

問題 6.11

$0 \to L \to M \to N \to 0$ は A-加群の完全列とする. このとき次の主張が正しいことを確かめよ.

(1) $\mathrm{pd}_A L > \mathrm{pd}_A M$ なら, $\mathrm{pd}_A N = \mathrm{pd}_A L + 1$ である.

(2) $\mathrm{pd}_A L = \mathrm{pd}_A M$ なら，$\mathrm{pd}_A N \leq \mathrm{pd}_A L + 1$ である．

射影次元とは射影分解の長さのことであるが，環 A が Noether の場合には次が正しい．証明は省くが，(1) $\Rightarrow$ (2) は n に関する帰納法による．

命題 6.12

M は Noether 環 A 上の有限生成加群，$n \geq 0$ とする．次の条件は同値である．

(1) $\mathrm{pd}_A M \leq n$ である．

(2) 各 P_i が有限生成射影加群であるような M の射影分解

$$0 \to P_n \to P_{n-1} \to \cdots \to P_1 \to P_0 \to M \to 0$$

が存在する．

A が局所環であるかまたは体 k 上の多項式環 $k[X_1, X_2, \ldots, X_n]$ なら，環 A 上の任意の射影加群は自由加群であることが知られている．特殊な場合の証明を述べておこう．

命題 6.13

局所環 $(A, \mathfrak{m})$ 上の有限生成射影加群 P はすべて自由加群である．

[証明] $n = \ell_{A/\mathfrak{m}}(P/\mathfrak{m}P)$ とおく．P は n この元で生成される．完全列

$$0 \to K \xrightarrow{f} A^n \to P \to 0$$

を取ると，P は射影加群であるから f は分裂単射である．故に，加

群 K が有限生成であることが従い，剰余体 $A/\mathfrak{m}$ 上の有限生成加群の完全列

$$0 \to K/\mathfrak{m}K \to (A/\mathfrak{m})^n \to P/\mathfrak{m}P \to 0$$

が得られる．$n = \ell_{A/\mathfrak{m}}(P/\mathfrak{m}P)$ であるから $K/\mathfrak{m}K = (0)$ となり，Kull-東屋の補題 4.5 より $K = (0)$ が従い，$P \cong A^n$ となる．即ち P は自由加群である． □

一般には射影加群は必ずしも自由加群でない．例えば，A が Dedekind 整域[4] なら，(0) ではないどんなイデアル I も可逆であるから，射影 A-加群である．実際，$I^{-1} = \left\{x \in \mathrm{Q}(A) \;\middle|\; xI \subseteq A\right\}$ とおけば等式 $II^{-1} = A$ が成り立つので，$i_\alpha \in I$ と $j_\alpha \in I^{-1}$ を $1 = \sum_{\alpha=1}^{n} i_\alpha j_\alpha$ が成り立つようにとり，A-線型写像 $\varphi : A^n \to I$ と $\psi : I \to A^n$ を

$$(a_\alpha)_{1 \leq \alpha \leq n} \mapsto \sum_{\alpha=1}^{n} a_\alpha i_\alpha, \; i \mapsto (ij_\alpha)_{1 \leq \alpha \leq n}$$

によって定めると，等式 $\varphi \circ \psi = 1_I$ が成り立つ．故に写像 φ は分裂全射であり，I は射影加群である．I が自由加群なら $I \cong A$ であるから，環 A が PID でないなら，A 内には射影的ではあるが自由加群ではないイデアルが少なくとも 1 つ含まれる．

A が Noether 環なら，どんな有限生成 A-加群 M に対してもその射影分解

$$\cdots \to P_i \to P_{i-1} \to \cdots \to P_1 \to P_0 \to M \to 0$$

を全ての P_i が有限生成射影加群となるように取ることができる．

4)　Dedekind 整域については，[1, Chapter 9] を参照されたい．

6.4 函手 Tor

M, N は A-加群とし，$P. \to M$ は M の射影分解とする．A-加群の鎖状複体

$$P. \otimes N: \ \cdots \to P_{i+1} \otimes N \to P_i \otimes N \to \\ \cdots \to P_1 \otimes N \to P_0 \otimes N \to 0 \to \cdots$$

の i 番目のホモロジー $\mathrm{H}_i(P. \otimes N)$ を $\mathrm{Tor}_i^A(M, N)$ と表す．$\mathrm{Tor}_i^A(*, N)$ は，M の射影分解 $P. \to M$ の取り方にはよらず，函手 $\mathrm{Tor}_i^A(*, *)$ が定まる．実際，

$$\cdots \to P_{i+1} \xrightarrow{\partial_{i+1}} P_i \xrightarrow{\partial_i} P_{i-1} \to \cdots \to P_1 \to P_0 \to M \to 0$$

$$\cdots \to P'_{i+1} \xrightarrow{\partial'_{i+1}} P'_i \xrightarrow{\partial'_i} P'_{i-1} \to \cdots \to P'_1 \to P'_0 \to M' \to 0$$

を A-加群 M, M' の射影分解とし，$f: M \to M'$ を A-線型写像とすれば，f の lifting$\{f_i\}_{i \geq 0}$ が得られる．これを用いて A-線型写像 $f \otimes 1_N$ の lifting$\{f_i \otimes 1_N\}_{i \geq 0}$

$$\begin{array}{ccccccc}
\cdots \longrightarrow & P_1 \otimes N & \longrightarrow & P_0 \otimes N & \longrightarrow & M \otimes N & \longrightarrow 0 \\
& \Big\downarrow f_1 \otimes 1_N & & \Big\downarrow f_0 \otimes 1_N & & \Big\downarrow f \otimes 1_N & \\
\cdots \longrightarrow & P'_1 \otimes N & \longrightarrow & P'_0 \otimes N & \longrightarrow & M' \otimes N & \longrightarrow 0
\end{array}$$

が得られ，ホモロジーの間に A-線型写像 $\mathrm{H}_i(P. \otimes N) \to \mathrm{H}_i(P'. \otimes N)$ が導かれる．$\{g_i\}_{i \geq 0}$ が f のもう一つの lifting であれば，比較定理 6.3 によって A-線型写像の族 $\{s_i : P_i \to P'_{i+1}\}_{i \in \mathbb{Z}}$ が得られる．ここで，等式

$$\begin{aligned}
h_i &:= f_i \otimes 1_N - g_i \otimes 1_N \\
&= (\partial'_{i+1} \otimes 1_N) \circ (s_i \otimes 1_N) + (s_{i-1} \otimes 1_N) \circ (\partial_i \otimes 1_N)
\end{aligned}$$

が成り立っていることに注意しよう:

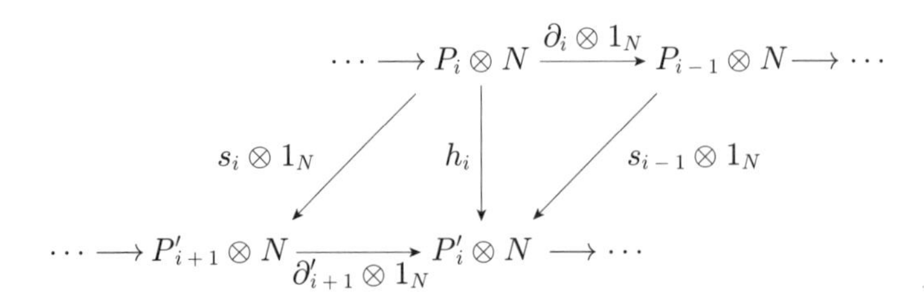

故に，A-線型写像の族 $\{f_i \otimes 1_N\}_{i \geq 0}$ が導くホモロジーの間の射 $\mathrm{H}_i(P. \otimes N) \to \mathrm{H}_i(P'. \otimes N)$ は，$\boldsymbol{f}$ **の lifting** $\{\boldsymbol{f_i}\}_{\boldsymbol{i \geq 0}}$ の取り方にはよらず，$\boldsymbol{f : M \to N}$ に対し一意的に定まる．$\mathrm{Tor}_i^A(M, N)$ が M の射影分解 $P. \to M$ の取り方によらないことは，函手 $\mathrm{Ext}_A^i(*, *)$ の場合と同様に示すことができる．各自確かめられたい．

$f : N \to N'$ を A-線型写像とすれば，可換図形

$$
\begin{array}{ccccccc}
\cdots \longrightarrow & P_{i+1} \otimes N & \xrightarrow{\partial_{i+1} \otimes 1_N} & P_i \otimes N & \longrightarrow \cdots \\
& \Big\downarrow {\scriptstyle 1_{P_{i+1}} \otimes f} & & \Big\downarrow {\scriptstyle 1_{P_i} \otimes f} & \\
\cdots \longrightarrow & P_{i+1} \otimes N' & \xrightarrow{\partial_{i+1} \otimes 1_{N'}} & P_i \otimes N' & \longrightarrow \cdots
\end{array}
$$

から，A-線型写像 $f_* : \mathrm{Tor}_i^A(M, N) \to \mathrm{Tor}_i^A(M, N')$ が得られ，$\mathrm{Tor}_i^A(M, *)$ は函手となる．$\alpha : M \to M'$，$\beta : N \to N'$ は A-線型写像とし，$P. \to M$ と $P'. \to M'$ を M，M' の射影分解とすれば，可換図形

$$
\begin{array}{ccccccc}
 & & P_{i+1}\otimes N' & \longrightarrow & & & P_i\otimes N' \\
 & \nearrow & \downarrow & & & \nearrow & \downarrow \\
P_{i+1}\otimes N & & \longrightarrow & & P_i\otimes N & & \downarrow \\
\downarrow & & P'_{i+1}\otimes N' & \longrightarrow & & & P'_i\otimes N' \\
\downarrow & \nearrow & & & \downarrow & \nearrow & \\
P'_{i+1}\otimes N & & \longrightarrow & & P'_i\otimes N & &
\end{array}
$$

が得られ，A-加群の可換図形

$$
\begin{array}{ccc}
\mathrm{Tor}_i^A(M,N) & \longrightarrow & \mathrm{Tor}_i^A(M,N') \\
\downarrow & & \downarrow \\
\mathrm{Tor}_i^A(M',N) & \longrightarrow & \mathrm{Tor}_i^A(M',N')
\end{array}
$$

が従い，$\mathrm{Tor}_i^A(*,*)$ は函手であることが得られる．

長完全列の存在を示しておこう．A-加群 M と A-加群の完全列

$$0 \to X \to Y \to Z \to 0$$

を考え，$P. \to M$ は M の射影分解とする．射影加群は平坦であるので，可換図形

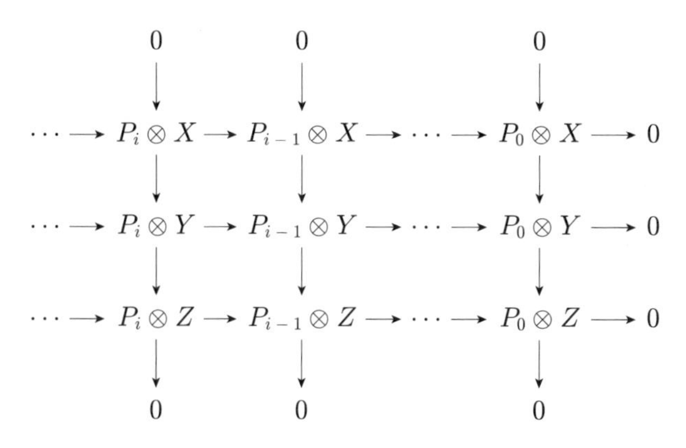

が得られ，長完全列

$$\cdots \to \mathrm{Tor}_{i+1}^A(M, Z) \xrightarrow{\Delta} \mathrm{Tor}_i^A(M, X) \to \mathrm{Tor}_i^A(M, Y)$$
$$\to \mathrm{Tor}_i^A(M, Z) \xrightarrow{\Delta} \cdots$$

が従う．長完全列内の連結射 Δ は短い完全列の射と可換である．

同様に，A-加群 N と完全列

$$0 \to X \to Y \to Z \to 0$$

をとれば，長完全列

$$\cdots \to \mathrm{Tor}_{i+1}^A(Z, N) \xrightarrow{\Delta} \mathrm{Tor}_i^A(X, N)$$
$$\to \mathrm{Tor}_i^A(Y, N) \to \mathrm{Tor}_i^A(Z, N) \xrightarrow{\Delta} \cdots$$

が得られ，連結射 Δ は短い完全列の射と可換となる．

次の主張は今や明らかであろう．

命題 6.14

A-加群 N について次の条件は互いに同値である．

(1) N は平坦 A-加群である．

(2) 任意の A-加群 M に対し $\mathrm{Tor}_1^A(M, N) = (0)$ である．

(3) 任意の A-加群 M と整数 $i \geq 1$ に対し $\mathrm{Tor}_i^A(M, N) = (0)$ である．

問題 6.15

命題 6.14 を用いて i についての帰納法で，次の主張が正しいことを確かめよ．

M, N を A-加群とすれば，任意の $i \in \mathbb{Z}$ に対し A-加群として

$$\mathrm{Tor}_i^A(M, N) \cong \mathrm{Tor}_i^A(N, M)$$

である．

問題 6.16

$\varphi : A \to B$ は平坦な環準同型写像とする．このとき，任意の A-加群 M, N と任意の整数 $i \in \mathbb{Z}$ に対し，B-加群として

$$B \otimes_A \operatorname{Tor}_i^A(M, N) \cong \operatorname{Tor}_i^B(B \otimes_A M, B \otimes_A N)$$

であることを確かめよ．

問題 6.17

N は A-加群とする．次の条件は同値であることを証明せよ．

(1) N は平坦 A-加群である．

(2) 任意の $\mathfrak{p} \in \operatorname{Spec} A$ について $N_\mathfrak{p}$ は平坦 $A_\mathfrak{p}$-加群である．

(3) 任意の $\mathfrak{m} \in \operatorname{Max} A$ について $N_\mathfrak{m}$ は平坦 $A_\mathfrak{m}$-加群である．

以下，$(A, \mathfrak{m})$ は Noether 局所環，M は有限生成 A-加群とする．このとき，Krull-東屋の補題 4.5 を繰り返し使うことによって，M の射影分解 $F. \to M$

$$\cdots \xrightarrow{\partial_{i+1}} F_i \xrightarrow{\partial_i} F_{i-1} \xrightarrow{\partial_{i-1}} \cdots \xrightarrow{\partial_2} F_1 \xrightarrow{\partial_1} F_0 \xrightarrow{\varepsilon} M \to 0$$

をすべての $i \geq 1$ に対し $1_{A/\mathfrak{m}} \otimes_A \partial_i = 0$ が成り立つように取ることができる（故に，$\operatorname{Tor}_i^A(M, A/\mathfrak{m}) \cong F_i \otimes A/\mathfrak{m}$ である）．これを M の**極小自由分解**という．極小自由分解は同型の範囲で一意的に定まる．実際，M の任意の射影分解

$$\cdots \to L_i \to L_{i-1} \to \cdots \to L_1 \to L_0 \to M \to 0$$

に対し，恒等写像 1_M の liftings $\{f_i\}_{i \geq 0}$ と $\{g_i\}_{i \geq 0}$ を取り可換図形

$$\begin{array}{ccccccccc}
\cdots & \longrightarrow & F_1 & \longrightarrow & F_0 & \longrightarrow & M & \longrightarrow & 0 \\
 & & \downarrow{\scriptstyle f_1} & & \downarrow{\scriptstyle f_0} & & \| & & \\
\cdots & \longrightarrow & L_1 & \longrightarrow & L_0 & \longrightarrow & M & \longrightarrow & 0 \\
 & & \downarrow{\scriptstyle g_1} & & \downarrow{\scriptstyle g_0} & & \| & & \\
\cdots & \longrightarrow & F_1 & \longrightarrow & F_0 & \longrightarrow & M & \longrightarrow & 0 \\
 & & \downarrow{\scriptstyle f_1} & & \downarrow{\scriptstyle f_0} & & \| & & \\
\cdots & \longrightarrow & L_1 & \longrightarrow & L_0 & \longrightarrow & M & \longrightarrow & 0
\end{array}$$

を考察すれば，$i \geq 1$ についての帰納法によって $g_i f_i$ はすべて全射であることが示され，故に $g_i f_i$ は同型であることが従う．即ち，線型写像 f_i は分裂単射であって g_i は分裂全射であり，これより極小自由分解の一意性が従う．

故に，次が得られる．

命題 6.18

$\operatorname{pd}_A M < \infty$ と仮定せよ．$F. \to M$ は M の極小自由分解とすると

$$\operatorname{pd}_A M = \sup\left\{i \geqq 0 \mid \operatorname{Tor}_i^A(M, A/\mathfrak{m}) \neq (0)\right\}$$

である．

6.5　入射次元

函手 $\operatorname{Hom}_A(*, I)$ が完全であるとき，即ち，A-加群の任意の単射 $0 \to X \xrightarrow{\alpha} Y$ と任意の線型写像 $f : X \to I$ に対し，等式 $f = g \circ \alpha$ を満たす線型写像 $g : Y \to I$ を必ず見つけることができるとき，A-加群 I は入射的であるという．

$\varphi: A \to S$ は環の準同型写像，M は S-加群，N は A-加群とする．このとき，加法群 $\mathrm{Hom}_A(M, N)$ には作用 $(s \rightharpoonup f)(t) = f(st)$ $(f \in \mathrm{Hom}_A(M, N), s \in S)$ によって S-加群の構造が入り，S-加群の自然な同型

$$\mathrm{Hom}_S(M, \mathrm{Hom}_A(S, N)) \cong \mathrm{Hom}_A(M, N)$$

が得られる．したがって次の主張が正しい．

補題 6.19

A-加群 I が入射的なら，S-加群 $\mathrm{Hom}_A(S, I)$ も入射的である．

補題 6.20

A-加群 I について次の条件は互いに同値である．

(1) I は入射 A-加群である．

(2) 任意の A のイデアル $\mathfrak{a}$ に対し $\mathrm{Ext}_A^1(A/\mathfrak{a}, I) = (0)$ である．

(3) 任意の A-加群 X と整数 $i > 0$ に対して等式 $\mathrm{Ext}_A^i(X, I) = (0)$ が成り立つ．

[証明] (2) $\Rightarrow$ (1)：A-加群 Y とその部分加群 X をとり，A-加群の図形

$$\begin{array}{ccccc} 0 & \longrightarrow & X & \xrightarrow{\alpha} & Y \\ & & {\scriptstyle f}\downarrow & & \\ & & I & & \end{array}$$

に対し，Y の A-部分加群 Z と A-線型写像 $g: Z \to I$ の組からなる集合 $\mathcal{S}$ を次のように定める：

$$\mathcal{S} = \{(Z, g) \mid \alpha(X) \subseteq Z,\ \text{任意の } x \in X \text{ に対し } g(\alpha(x)) = f(x)\}$$

故に $(X, f) \in \mathcal{S}$ である．集合 $\mathcal{S}$ の元 $(Z, g), (Z', g')$ に対し，$Z \subseteq Z'$ であってかつ $g'|_Z = g$ が成り立つとき $(Z, g) \leq (Z', g')$ であると定め，$\mathcal{S}$ を順序集合とみなすと，集合 $\mathcal{S}$ は帰納的であるので極大元 $(Z, g) \in \mathcal{S}$ の存在が Zorn の補題より従う．このとき，$Z \subsetneq Y$ なら，$y \in Y \setminus Z$ を取り $Z' = Z + Ay$ とおけば，A のイデアル $\mathfrak{a} = Z :_A y$ によって $Z'/Z \cong A/\mathfrak{a}$ となる．完全列 $0 \to Z \xrightarrow{i} Z' \to A/\mathfrak{a} \to 0$ に函手 Ext を適用し得られた完全列

$$\mathrm{Hom}_A(Z', I) \to \mathrm{Hom}_A(Z, I) \to \mathrm{Ext}_A^1(A/\mathfrak{a}, I)$$

を見れば，$\mathrm{Ext}_A^1(A/\mathfrak{a}, I) = (0)$ であるから，写像 $\mathrm{Hom}_A(Z', I) \xrightarrow{i^*} \mathrm{Hom}_A(Z, I)$ は全射であり，写像 g は $g' : Z' \to I$ へと拡大され，元 $(Z, g) \in \mathcal{S}$ の極大性がこわれる．故に $Z = Y$ であって，写像 f は $g : Y \to I$ に拡大されることがわかる．即ち I は入射加群である．

(1) $\Rightarrow$ (3)：$P. \to M$ を A-加群 M の射影分解とすれば，函手 $\mathrm{Hom}_A(*, I)$ は完全であるから，鎖状複体 $\mathrm{Hom}_A(P., I)$ は $i \geq 1$ の範囲で完全であって，等式 $\mathrm{Ext}_A^i(M, I) = (0)$ が得られる．　□

補題 6.21

$\mathbb{Z}$-加群 I が入射的であるための必要十分条件は，等式 $I = nI$ がすべての整数 $n \neq 0$ に対して成り立つことである．特に，$\mathbb{Q}$ と $\mathbb{Q}/\mathbb{Z}$ は $\mathbb{Z}$-加群として入射的である．

[証明]　$\mathfrak{a} = (n)$ $(n \neq 0)$ を環 $\mathbb{Z}$ のイデアルとし，X を $\mathbb{Z}$-加群とすれば，$\mathrm{Hom}_{\mathbb{Z}}(\mathbb{Z}, X) \cong X$ であるから，完全列 $0 \to \mathbb{Z} \xrightarrow{\widehat{n}} \mathbb{Z} \to \mathbb{Z}/(n) \to 0$ に函手 Ext を適用して得られる図形

$$\begin{array}{ccccccc}
\mathrm{Hom}_{\mathbb{Z}}(\mathbb{Z}, X) & \xrightarrow{\widehat{n}} & \mathrm{Hom}_{\mathbb{Z}}(\mathbb{Z}, X) & \longrightarrow & \mathrm{Ext}^1_{\mathbb{Z}}(\mathbb{Z}/(n), X) & \longrightarrow & 0 \\
\wr\uparrow & & \wr\uparrow & & & & \\
X & \xrightarrow[\widehat{n}]{} & X & & & &
\end{array}$$

を考察すれば，等式 $I = nI$ が成り立つ限り $\mathrm{Ext}^1_{\mathbb{Z}}(\mathbb{Z}/(n), X) = (0)$ であることが分かる．特に，$\mathbb{Z}$-加群 $\mathbb{Q}$ と $\mathbb{Q}/\mathbb{Z}$ は入射的である． □

補題 6.22

どんな $\mathbb{Z}$-加群 M も何かある入射 $\mathbb{Z}$-加群の部分加群である．

[証明] 自由 $\mathbb{Z}$-加群 F とその部分加群 X を取って $M = F/X$ と表し，$I = [\mathbb{Q} \otimes_{\mathbb{Z}} F]/X$ とおけば，M は I の部分加群であって I 自身は入射的である．ここで F は，単射 $F \to \mathbb{Q} \otimes_{\mathbb{Z}} F$, $f \mapsto 1 \otimes f$ によって，$\mathbb{Q} \otimes_{\mathbb{Z}} F$ の部分 $\mathbb{Z}$-加群とみなしている． □

命題 6.23

どんな A-加群 M も，何らかの入射 A-加群の部分加群である．

[証明] 入射 $\mathbb{Z}$-加群 X を M が部分 $\mathbb{Z}$-加群となるよう選び，$I = \mathrm{Hom}_{\mathbb{Z}}(A, X)$ とおく．I は入射 A-加群であって，$\mathrm{Hom}_{\mathbb{Z}}(A, M)$ を A-部分加群として含む．元 $m \in M$ に対し $\varphi(1) = m$ に拠って定まる A-線型写像 $\varphi : A \to M$ を $\widehat{m}$ で表すと，写像

$$f : M \to \mathrm{Hom}_{\mathbb{Z}}(A, M), \quad f(m) = \widehat{m}$$

は A-線型であって単射であり，M が入射 A-加群 $I = \mathrm{Hom}_{\mathbb{Z}}(A, X)$ の部分加群であることが従う． □

定理 6.24

環 A について次の条件は同値である．

(1) A は Noether 環である．

(2) 入射 A-加群の任意の族 $\{I_\lambda\}_{\lambda\in\Lambda}$ に対し直和 $\bigoplus_{\lambda\in\Lambda} I_\lambda$ も入射 A-加群である．

[証明]　(1) $\Rightarrow$ (2)：A-加群の族 $\{I_\lambda\}_{\lambda\in\Lambda}$ と有限生成 A-加群 M をとり，$I = \bigoplus_{\lambda\in\Lambda} I_\lambda$ とおく．すると

$$\mathrm{Hom}_A(M, I) \cong \bigoplus_{\lambda\in\Lambda} \mathrm{Hom}_A(M, I_\lambda)$$

である．環 A は Noether であるから，すべての $i \in \mathbb{Z}$ に対し

$$\mathrm{Ext}^i_A(M, I) \cong \bigoplus_{\lambda\in\Lambda} \mathrm{Ext}^i_A(M, I_\lambda)$$

となる．故に，I_λ が入射的であれば，A のいかなるイデアル $\mathfrak{a}$ に対しても

$$\mathrm{Ext}^1_A(A/\mathfrak{a}, I) \cong \bigoplus_{\lambda\in\Lambda} \mathrm{Ext}^1_A(A/\mathfrak{a}, I_\lambda) = (0)$$

が従い，直和 $I = \bigoplus_{\lambda\in\Lambda} I_\lambda$ が入射的であることがわかる．

(2) $\Rightarrow$ (1)：$\mathfrak{a}_1 \subseteq \mathfrak{a}_2 \subseteq \cdots \subseteq \mathfrak{a}_n \subseteq \cdots$ を A のイデアルの昇鎖とし，$\mathfrak{a} = \bigcup_{n\geq 1} \mathfrak{a}_n$ とおく．整数 $n \geq 1$ に対し入射 A-加群 E_n を $A/\mathfrak{a}_n$ が E_n の A-部分加群となるように取る．このとき，元 $a \in \mathfrak{a}$ に対し適当な整数 $n \geq 1$ を取れば $a \in \mathfrak{a}_n$ であるので，$\ell \geq n$ なる全ての整数 ℓ について $a \mod \mathfrak{a}_\ell = 0$ となって，A-線型写像

$$\varphi : \mathfrak{a} \to \bigoplus_{n\geq 1} E_n,$$

$$\varphi(a) = (a \mod \mathfrak{a}_1, a \mod \mathfrak{a}_2, \ldots, a \mod \mathfrak{a}_n, \ldots)$$

が得られる．写像 $i : \mathfrak{a} \to A$ を埋め込みとすれば，仮定により加群 $E = \bigoplus_{n \geq 1} E_n$ は入射的であるから，等式 $g \circ i = \varphi$ を満たす A-線型写像 $g : A \to E$ が存在し，$\varphi(\mathfrak{a}) \subseteq A \cdot g(1)$ が成り立つ．$g(1) = (x_n)_{n \geq 1}$ $(x_n \in E_n)$ と表し，整数 $k \geq 1$ を $\ell \geq k$ を満たす全ての整数 ℓ に対して $x_\ell = 0$ が成り立つように取れば，任意の $a \in \mathfrak{a}$ に対し $\varphi(a) \in A \cdot g(1)$ であるので，$\ell \geq k$ の範囲では $a \mod \mathfrak{a}_\ell = 0$，即ち $a \in \mathfrak{a}_\ell$ が成り立ち等式 $\mathfrak{a}_\ell = \mathfrak{a}$ が従う．故に環 A は Noether である．

□

Noether 環 A 上では入射加群に関する美しい構造定理が知られている．

線型写像 $f : M \to N$ は，N の部分加群 X で $f(M) \cap X = (0)$ となるものが $X = (0)$ に限るとき**本質的**であるという．M が N の部分加群であって，埋め込み写像 $i : M \to N$ が本質的であるとき，M は N 内で本質的であるという．この条件は，線型写像 $g : N \to X$ について合成 $g \circ i$ が単射なら g はもともと単射であるという主張と同値である．

定理 6.25

M を A-加群とすれば，入射加群 E と本質的 A-線型写像 $f : M \to E$ の組 (E, f) を取って，f が単射となるようにすることができる．このような組 (E, f) は同型を除いて M に対し一意的に定まる．

[証明] 入射 A-加群 I を M を部分加群として含むように取り，I の部分加群 J の集合

$$\mathcal{S}_1 = \{J \mid M \subseteq J \text{ であって } M \text{ は } J \text{ 内で本質的である }\}$$

を考える．$M \in \mathcal{S}$ であって集合 $\mathcal{S}_1$ は空でない．集合 $\mathcal{S}_1$ は包含関係を順序に帰納的であるから，$\mathcal{S}_1$ 内には極大元 J が存在する．I の部分加群 L の集合

$$\mathcal{S}_2 = \{L \mid L \cap J = (0)\}$$

を考えると，$(0) \in \mathcal{S}_2$ であって，集合 $\mathcal{S}_2$ も包含関係を順序に帰納的となる．$L \in \mathcal{S}_2$ をその極大元とし，埋め込み写像 $i : J \to I$ と自然な全射 $\varepsilon : I \to I/L$ を考えれば，合成写像 $\varepsilon \circ i$ は単射であり，L の極大性より本質的となる．故に，写像 $\varepsilon \circ i$ が単射で I は入射加群であるから，等式 $\alpha \circ (\varepsilon \circ i) = i$ を満たす線型写像 $\alpha : I/L \to I$ が存在し単射となる．拡大 $M \subseteq J \subseteq \operatorname{Im}\alpha \subseteq I$ を見るに，拡大 $J \subseteq \operatorname{Im}\alpha$ は本質的であるので，拡大 $M \subseteq \operatorname{Im}\alpha$ も本質的となり，J の極大性によって等式 $J = \operatorname{Im}\alpha$ が成り立つ．即ち，写像 $\varepsilon \circ i$ は同型であるから，埋め込み $i : J \to I$ は分裂単射であって，加群 J が入射的であることが従う． □

入射 A-加群 E を M の**入射包絡**と呼び，$\mathrm{E}_A(M)$ と表す．

A-加群 M に対し M を部分加群として含む入射 A-加群 I^0 を取って完全列

$$0 \to M \to I^0 \to X^0 \to 0$$

を作り，A-加群 X^0 に対し同じ作業を行って完全列

$$0 \to M \to I^0 \to I^1 \to X^1 \to 0$$

を I^1 が入射 A-加群となるよう作る．この操作を繰り返すことによって，A-加群の完全列

$$(\sharp) \quad 0 \to M \xrightarrow{\varepsilon} I^0 \xrightarrow{\partial^0} I^1 \xrightarrow{\partial^1} \cdots \xrightarrow{\partial^{i-1}} I^i \xrightarrow{\partial^i} I^{i+1} \xrightarrow{\partial^{i+1}} \cdots$$

を各 I^i が入射 A-加群となるよう作ることができる．この完全列を M の**入射分解**と呼ぶ．定理 6.25 によれば，入射分解 $(\sharp)$ を写像 ε, ∂^i $(i \geq 0)$ が本質的となるように作ることができる．このような入射分解は M の**極小入射分解**と呼ばれる．極小入射分解は同型を除いて，加群 M に対し一意的に定まる．例えば，$\mathbb{Q}$ は入射 $\mathbb{Z}$-加群であり，$\mathbb{Z}$ は $\mathbb{Q}$ の本質的部分加群である．故に，$\mathbb{Z}$-加群の自然な完全列

$$0 \to \mathbb{Z} \to \mathbb{Q} \to \mathbb{Q}/\mathbb{Z} \to 0$$

が $\mathbb{Z}$ の極小入射分解である．

A-加群 M に対し，$\mathcal{S}$ によって，長さ n の完全列

$$0 \to M \to I^0 \to I^1 \to \cdots \to I^n \to 0$$

で I^i がすべて入射加群となるものが存在するような整数 $n \geq 0$ の集合を表す．

$$\mathrm{id}_A M = \begin{cases} -\infty & \text{if } M = (0) \\ \min \mathcal{S} & \text{if } M \neq (0) \text{ and } \mathcal{S} \neq \emptyset \\ \infty & \text{otherwise} \end{cases}$$

と定め，これを M の**入射次元**と呼ぶ．

命題 6.26

$0 \to M \to I^0 \to I^1 \to \cdots \to I^i \to \cdots$ は A-加群 M の極小入射分解とすれば，等式

$$\mathrm{id}_A M = \sup\left\{i \in \mathbb{Z} \mid I^i \neq (0)\right\}$$

が成り立つ．但し $I^i = (0)$ $(i < 0)$ とする．

命題 6.27

M を A-加群，$n \geq 0$ を非負整数とする．次の条件は同値である．

(1) $\mathrm{id}_A M \leq n$ である．

(2) A の全てのイデアル $\mathfrak{a}$ に対し $\mathrm{Ext}_A^{n+1}(A/\mathfrak{a}, M) = (0)$ である．

(3) 任意の A-加群 X と整数 $i > n$ に対し $\mathrm{Ext}_A^i(X, M) = (0)$ である．

環 A に対して

$$\mathrm{gldim}\, A = \sup\{\mathrm{pd}_A M \mid M \text{ は } A\text{-加群}\}$$

とおき，これを A の**大域次元**と呼ぶ．体の大域次元は0である．Dedekind 整域は大域次元1を持つ．

一般に次の等式が成り立つ．

補題 6.28 **(M. Auslander)**

$\mathrm{gldim}\, A = \sup\{\mathrm{pd}_A A/\mathfrak{a} \mid \mathfrak{a} \text{ は } A \text{ のイデアル}\}$ である．

[証明] $n = \sup\{\mathrm{pd}_A A/\mathfrak{a} \mid \mathfrak{a} \text{ は } A \text{ のイデアル}\}$ とおく．$\mathrm{gldim}\, A \leq n$ を示す．$n < \infty$ としてよい．任意の A-加群 X と整数 $i > n$ に対し $\mathrm{Ext}_A^i(A/\mathfrak{a}, X) = (0)$ であるので $\mathrm{id}_A X \leq n$ となり，故に，任意の A-加群 M と整数 $i > n$ に対し $\mathrm{Ext}_A^i(M, X) = (0)$ が成り立つ．即ち $\mathrm{pd}_A M \leq n$ である． □

問題 6.29

環 A に対し次の条件は同値であることを証明せよ．

(1) $\operatorname{gldim} A = 0$ である．

(2) どんな A-加群も射影加群である．

(3) どんな A-加群も入射加群である．

(4) A-加群のどんな完全列 $0 \to X \to Y \to Z \to 0$ も分裂する．

(5) $\mathfrak{a}$ が A のイデアルなら $\mathfrak{a} \mathrel{\lhd\!\!\!\oplus} A$ である．

(6) A は有限個の体の直積と同型である．即ち，有限個の体 $\{K_i\}_{1 \le i \le n}$ が取れて，環として

$$A \cong K_1 \times K_2 \times \cdots \times K_n$$

である．

問題 6.30

$k = \mathbb{Z}/(2)$ とし，各整数 $n \ge 1$ に対し $A_n = k$ とおき，$A = \prod_{n \ge 1} A_n$ とする．環 A に対し次の主張が正しいことを証明せよ．

(1) どんな A-加群も平坦加群である．

(2) $0 \to K \to A^\ell \to M \to 0$ は A-加群の完全列とする．ただし $\ell > 0$ は整数である．このとき，K が有限生成 A-加群なら，この完全列は分裂する[5]．

(3) $\mathfrak{a}$ が A のイデアルで有限生成なら，$\mathfrak{a} \mathrel{\lhd\!\!\!\oplus} A$ であって，$e^2 = e$ を満たすある $e \in A$ によって生成される．

5) 問題 6.2 参照.

第7章

正則局所環とSerreの定理について

さて，今まで一所懸命に学んできたことを使ってみよう．本書の集大成である．

本章で述べる系 7.9 は，1955 年に日本で開催された国際研究集会で J.-P. Serre が発表したものであり，世界レベルで衝撃的なものであった．結果の重要性もさることながら，証明法がその後の可換環論の発展に決定的に大きな影響もたらしたからである．今日でも系 7.9 には，ここで述べる Serre 自身の方法しか証明が知られていない．

もし，Serre の方法とは異なった証明法を見つけることができれば，有名になる．これは冗談めいた言い方に聞こえるかもしれないが決して冗談のつもりではない．その方法には可換環論の新たな発展の可能性が秘められているはずだからである．

ここでは，A は極大イデアル $\mathfrak{m}$ を持つ Noether 局所環とし，$d = \dim A$ とおく．$\mu_A(\mathfrak{m})$ によって，$\mathfrak{m}$ を生成するのに必要な A の元の個数の最小値を表す．したがって，定理3.48より，$\mu_A(\mathfrak{m}) \geq d$ である．

定義 7.1

$\mu_A(\mathfrak{m}) = d$ であるとき，A は**正則局所環**であるという．

この章の目的は次の定理を証明することである．

定理 7.2　**(J.-P. Serre [7])**

次の条件は同値である．

(1) A は正則局所環である．

(2) $\operatorname{gldim} A < \infty$ である．

このとき $\operatorname{gldim} A = d$ となる．

証明に必要な補題や命題を用意しよう．

命題 7.3

$\operatorname{gldim} A = \operatorname{pd}_A A/\mathfrak{m}$ である．

[証明]　$n = \operatorname{pd}_A A/\mathfrak{m}$ とし，$n < \infty$ と仮定する．M は有限生成 A-加群とする．$\operatorname{pd}_A M \leq n$ であることを示そう．

$$\cdots \to F_i \to \cdots \to F_1 \to F_0 \to M \to 0,$$

$$\cdots \to G_i \to \cdots \to G_1 \to G_0 \to A/\mathfrak{m} \to 0$$

をそれぞれ M と $A/\mathfrak{m}$ の極小自由分解とする．故に $G_n \neq (0)$ であるが $G_i = (0)$, $\forall i > n$ であるから，任意の A-加群 X について

$\mathrm{Tor}_i^A(A/\mathfrak{m}, X) = (0), \forall i > n$ である．ここで任意の $i \in \mathbb{Z}$ について

$$\mathrm{Tor}_i^A(M, A/\mathfrak{m}) \cong \mathrm{Tor}_i^A(A/\mathfrak{m}, M)$$

であってかつ $F_i/\mathfrak{m}F_i \cong \mathrm{Tor}_i^A(A/\mathfrak{m}, M) = (0),\ \forall i > n$ であることを思い出せば，直ちに $F_i = (0),\ \forall i > n$ が従い，$\mathrm{pd}_A M \leq n$ が得られる． □

補題 7.4

M は有限生成 A-加群とする．$0 < \mathrm{pd}_A M < \infty$ なら $\mathfrak{m} \notin \mathrm{Ass}\, A$ である．

［証明］ $n = \mathrm{pd}_A M$ とおき，M の極小自由分解

$$0 \to F_n \xrightarrow{\partial_n} F_{n-1} \to \cdots \to F_0 \to M \to 0$$

を考える．$\mathfrak{m} \in \mathrm{Ass}\, A$ と仮定し，$\mathfrak{m} = (0) :_A x\ (0 \neq x \in A)$ と書く．すると，$\partial_n(F_n) \subseteq \mathfrak{m}F_{n-1}$ であるので，$\partial_n(xF_n) \subseteq x(\mathfrak{m}F_{n-1}) = (0)$ である．$F_n \xrightarrow{\partial_n} F_{n-1}$ は単射であるから $xF_n = (0)$ が従う．F_n は零でない自由 A-加群であるから $x = 0$ となるが，これはあり得ない．故に $\mathfrak{m} \notin \mathrm{Ass}\, A$ である． □

補題 7.5

$a \in \mathfrak{m}$ とする．イデアル (a) が高さ正の素イデアルなら，A は整域である．

［証明］ $P = (a)$ とおく．$\mathrm{ht}_A P > 0$ であるから，$\mathfrak{p} \in \mathrm{Min}\, A$ があって $\mathfrak{p} \subsetneq P$ となる．すると，$a \notin \mathfrak{p}$ であるので $\mathfrak{p} = a\mathfrak{p}$ となる．実際，$x \in \mathfrak{p}$ をとって $x = ay\ (y \in A)$ と書くと，$x \in \mathfrak{p}$ であるが $a \notin \mathfrak{p}$ であ

るから，$y \in \mathfrak{p}$ である．故に，命題 3.10 より $\mathfrak{p} = (0)$ となり，A は整域である．　□

命題 7.6

A が正則局所環なら A は整域である[1]．

［証明］　$d = 0$ なら，$\mathfrak{m} = (0)$ であるから A は体で，もちろん整域である．$d > 0$ とする．定理 3.12 によって $\mathfrak{m} \not\subseteq \mathfrak{m}^2 \cup \bigcup_{\mathfrak{p} \in \operatorname{Min} A} \mathfrak{p}$ であるから，$\mathfrak{m} = (a_1, a_2, \ldots, a_d)$ となるような $\mathfrak{m}$ の元 $\{a_i\}_{1 \leq i \leq d}$ を特に $a = a_1 \notin \bigcup_{\mathfrak{p} \in \operatorname{Min} A} \mathfrak{p}$ と取ることができる．$\overline{A} = A/aA$ とおくと，$\dim \overline{A} = d - 1$，$\mu_{\overline{A}}(\mathfrak{m}/(a)) = d - 1$ であるから，$\overline{A}$ は正則局所環である．$\operatorname{ht}_A(a) > 0$ であって，一方で次元 d についての帰納法により $\overline{A}$ は整域であると仮定することができるので，補題 7.5 より A は整域である．　□

正則局所環の極大イデアルは正則列で生成される．まず正則列の定義を確認しよう．

定義 7.7

R は可換環とし，M は R-加群とする．R の元の列 $a_1, a_2, \ldots, a_n$ が ***M*-正則列**であるとは，次の 2 条件が満たされることをいう．

(1) $M/(a_1, a_2, \ldots, a_n)M \neq (0)$ である．

(2) すべての $1 \leq i \leq n$ について a_i は $M/(a_1, a_2, \ldots, a_{i-1})M$-非零因子である．

1）実はさらに，すべての正則局所環は一意分解整域であることが知られている．

命題 7.8

A は正則局所環とし，$d > 0$ とする．$\mathfrak{m} = (a_1, a_2, \ldots, a_d)$ と書く．すると，$a_1, a_2, \ldots, a_d$ は正則列であり，各 $0 \leq i \leq d$ について

$$\mathrm{pd}_A\, A/(a_1, a_2, \ldots, a_i) = i$$

となる．故に $\mathrm{gldim}\, A = \mathrm{pd}_A\, A/\mathfrak{m} = d$ である．

[証明] $I_i = (a_1, a_2, \ldots, a_i)$ $(0 \leq i \leq d)$ とおく．各 A/I_i は正則局所環であるから，命題 7.6 より I_i は A の素イデアルである．$a_{i+1} \notin I_i$ であるので，$a_1, a_2, \ldots, a_d$ は A-正則列である．i に関する帰納法を完全列

$$0 \to A/I_i \xrightarrow{\widehat{a_{i+1}}} A/I_i \to A/I_{i+1} \to 0$$

に適用すれば，$\mathrm{pd}_A\, A/I_i = i$ が得られる．実際，$0 \leq i < d$ とし $\mathrm{pd}_A\, A/I_i = i$ と仮定しよう．M は A-加群とし Ext の長完全列

$$\cdots \to \mathrm{Ext}_A^j(A/I_i, M) \xrightarrow{\widehat{a_{i+1}}} \mathrm{Ext}_A^j(A/I_i, M) \to \mathrm{Ext}_A^{j+1}(A/I_{i+1}, M) \to \mathrm{Ext}_A^{j+1}(A/I_i, M) \to \cdots$$

を考えよう．$\mathrm{pd}_A\, A/I_i = i$ であるから

$$\mathrm{Ext}_A^j(A/I_i, M) = (0), \quad \forall j > i$$

であるので，$\mathrm{Ext}_A^{j+1}(A/I_{i+1}, M) = (0), \forall j > i$ が得られる．故に $\mathrm{pd}_A\, A/I_{i+1} \leq i+1$ である．一方で，$\mathrm{pd}_A\, A/I_i = i$ であるから，ある有限生成 A-加群 M について $\mathrm{Ext}_A^i(A/I_i, M) \neq (0)$ となる．したがって $\mathrm{Ext}_A^{i+1}(A/I_{i+1}, M) \neq (0)$ となり[2)]，$\mathrm{pd}_A\, A/I_{i+1} = i+1$ が得

2) 問題 4.5 参照.

られる．$I_d = \mathfrak{m}$ であるので，命題 7.3 から $\operatorname{gldim} A = \operatorname{pd}_A A/\mathfrak{m} = d$ である． □

さて，定理 7.2 の証明を完成させよう．(2) ⇒ (1) の証明である．

[証明]　d についての帰納法による．$d = 0$ なら，$\operatorname{Spec} A = \{\mathfrak{m}\}$ であるから $\operatorname{Ass} A = \{\mathfrak{m}\}$ であって，補題 7.4 より $\operatorname{pd}_A A/\mathfrak{m} = 0$ となる．$A/\mathfrak{m}$ は自由 A-加群であるから，$\mathfrak{m} = (0)$ である．$d > 0$ であって $d-1$ まで我々の主張が正しいと仮定しよう．$\mathfrak{m} \neq (0)$ であるから，$\operatorname{pd}_A A/\mathfrak{m} > 0$ である．故に，$\mathfrak{m} \notin \operatorname{Ass} A$ であるので，定理 3.12 より $\mathfrak{m} \not\subseteq \mathfrak{m}^2 \cup \bigcup_{\mathfrak{p} \in \operatorname{Ass} A} \mathfrak{p}$ となり，非零因子 $a \in \mathfrak{m}$ を $a \notin \mathfrak{m}^2$ ととることができる．$\overline{A} = A/aA$ とおく．

$n = \operatorname{pd}_A A/\mathfrak{m}$ とおき，$A/\mathfrak{m}$ の極小自由分解

$$0 \to F_n \xrightarrow{\partial_n} F_{n-1} \to \cdots \to F_1 \xrightarrow{\partial_1} F_0 = A \to A/\mathfrak{m} \to 0$$

を二つの部分

$$0 \to F_n \xrightarrow{\partial_n} F_{n-1} \to \cdots \to F_1 \to \mathfrak{m} \to 0,\ 0 \to \mathfrak{m} \to A \to A/\mathfrak{m} \to 0$$

に分割し，両者に函手 $\overline{A} \otimes_A *$ を施す．$\overline{F}_i = F_i/aF_i$ とすると，前者からは $\overline{A}$-加群 $\overline{\mathfrak{m}} = \mathfrak{m}/a\mathfrak{m}$ の極小自由分解

$$(\sharp 1) \quad 0 \to \overline{F}_n \xrightarrow{\overline{\partial}_n} \overline{F}_{n-1} \to \cdots \to \overline{F}_1 \to \overline{\mathfrak{m}} \to 0$$

が得られる．故に $\operatorname{pd}_{\overline{A}} \overline{\mathfrak{m}} = n$ である．後者からは蛇の補題（定理 4.10）を自然な可換図形

$$\begin{array}{ccccccccc}
0 & \to & \mathfrak{m} & \longrightarrow & A & \longrightarrow & A/\mathfrak{m} & \to & 0 \\
 & & \widehat{a}\downarrow & & \widehat{a}\downarrow & & \widehat{a}\downarrow & & \\
0 & \to & \mathfrak{m} & \longrightarrow & A & \longrightarrow & A/\mathfrak{m} & \to & 0
\end{array}$$

に適用して，完全列

$$(\sharp 2) \quad 0 \to A/\mathfrak{m} \xrightarrow{\varphi} \overline{\mathfrak{m}} \to \mathfrak{m}/(a) \to 0$$

が得られる．ここで $\varphi(1) = a \mod a\mathfrak{m}$ となっていることに注意しよう．

主張

完全列 ($\sharp$2) は分裂し，$\overline{\mathfrak{m}} \cong A/\mathfrak{m} \oplus \mathfrak{m}/(a)$ となる．

[証明] $\mathfrak{m} = (a_1, a_2, \ldots, a_\ell)$ $(a_1 = a, \ell = \mu_A(\mathfrak{m}))$ と書く．$\overline{a_i}$ によって a_i の $\overline{\mathfrak{m}}$ 内での像を表せば，$\overline{\mathfrak{m}} = \sum_{i=1}^{\ell} \overline{A}\overline{a_i}$ である．さて，$\{c_i\}_{1 \leq i \leq \ell}$ は A の元で，$\overline{\mathfrak{m}}$ 内で $\sum_{i=1}^{\ell} c_i \overline{a_i} = 0$ なるものとする．すると，$\sum_{i=1}^{\ell} c_i a_i \in a\mathfrak{m}$ であるから，$\sum_{i=1}^{\ell} c_i a_i \in \mathfrak{m}^2$ である．$\{a_i\}_{1 \leq i \leq \ell}$ は極大イデアル $\mathfrak{m}$ の極小生成系であるから，すべての $1 \leq i \leq \ell$ について $c_i \in \mathfrak{m}$ である．即ち，$\overline{\mathfrak{m}}$ 内で $\overline{A}\overline{a}$ と $\sum_{i=2}^{\ell} \overline{A}\overline{a_i}$ は直和をなす．$\overline{A}\overline{a} \cong A/\mathfrak{m}$, $\overline{\mathfrak{m}}/\overline{A}\overline{a} \cong \mathfrak{m}/(a)$ であるので，$\overline{\mathfrak{m}} \cong \overline{A}\overline{a} \oplus \mathfrak{m}/(a)$ が得られる． □

$\mathrm{pd}_{\overline{A}}\,\overline{\mathfrak{m}} = n$ であるから，上の主張より $\mathrm{pd}_{\overline{A}}\, A/\mathfrak{m} \leq n$ が得られる．故に，$\overline{A}$ は正則局所環であり，$\mu_A(\mathfrak{m}) = \mu_{\overline{A}}(\mathfrak{m}/(a)) + 1 = d$ となる． □

系 7.9 **(J.-P. Serre, 1955)**

A が正則局所環なら任意の $\mathfrak{p} \in \operatorname{Spec} A$ について局所化 $A_\mathfrak{p}$ は正則局所環である．

[証明] $\mathrm{pd}_A\, A/\mathfrak{p} < \infty$ であるから $\mathrm{pd}_{A_\mathfrak{p}}\, A_\mathfrak{p}/\mathfrak{p}A_\mathfrak{p} < \infty$ である． □

最後に次の問題を残そう．いろいろな証明法があり得るが，d についての帰納法によることが最も自然である．しかしそのためには，$d > 1$ のとき，任意の $\mathfrak{m} \in \operatorname{Max} k[X_1, X_2, \ldots, X_d]$ について $\mathfrak{m} \cap k[X_1, X_2, \ldots, X_{d-1}] \in \operatorname{Max} k[X_1, X_2, \ldots, X_{d-1}]$ を示すことが必要である．読者，試みられよ．

問題 7.10

$R = k[X_1, X_2, \ldots, X_d]$ は体 k 上の多項式環とする．任意の $\mathfrak{p} \in \operatorname{Spec} R$ に対し局所環 $A = R_{\mathfrak{p}}$ は正則であることを証明せよ．

参考文献

[1] M. F. Atiyah and I. G. Macdonald, "*Introduction to commutative algebra*", Addison-Wesley Publishing Company, 1969.

[2] W. Bruns and J. Herzog, "*Cohen-Macaulay Rings*", Cambridge University Press, 39, 1993.

[3] D. Eisenbud, "*Commutative Algebra: with a View Toward Algebraic Geometry*", (G. T. in Math., **150**), Springer-Verlag, 1994.

[4] S. Goto, "Homological Methods in Commutative Algebra", (Graduate Lecture Series), *Vietnam Academy of Science and Technology, Institute of Mathematics*, 2016.

[5] 後藤四郎・渡辺敬一，『可換環論』，日本評論社，2011.

[6] I. Kaplansky, "*Commutative rings*", Allyn and Bacon, Boston, Massachusetts, 1970.

[7] J. -P. Serre, "Sur la dimension homologique des anneaux et des modules noethèriens", *Proc. Intern. Symp., Tokyo-Nikko*, 1955, *Science Council of Japan*, 1956, pp.175-189.

[8] 松村英之，『可換環論』，共立出版，1980.

索　引

■ 記号

■ 欧文

■ た

■ な

■ は

■ ま

■ や

■ ら

memo

〈著者紹介〉

後藤　四郎（ごとう しろう）

略　歴
1946 年　生まれ
1971 年　東京教育大学大学院理学研究科修士課程応用数理学専攻　修了
現　在　明治大学名誉教授

著　書　後藤四郎・渡辺敬一，『可換環論』，日本評論社，2011.

数学のかんどころ **32**
可換環論の勘どころ
(*Basic steps in commutative algebra*)

2017 年 8 月 15 日　初版 1 刷発行
2018 年 3 月 25 日　初版 2 刷発行

検印廃止
NDC 411.7

ISBN 978-4-320-11073-1

著　者　後藤四郎　© 2017
発行者　南條光章
発行所　**共立出版株式会社**
〒112-0006
東京都文京区小日向 4-6-19
電話番号　03-3947-2511（代表）
振替口座　00110-2-57035

共立出版（株）ホームページ
http://www.kyoritsu-pub.co.jp/

印　刷　大日本法令印刷
製　本　協栄製本

一般社団法人
自然科学書協会
会員

Printed in Japan